国家林业和草原局普通高等教育“十四五”规划教材

高等院校园林与风景园林专业系列教材

The Composition Principle of Landscape Architecture Design

风景园林设计构成原理

张瑞超　段渊古◎主编

中国林业出版社
China Forestry Publishing House

内容简介

本教材以三大构成原理的理论为基础，结合当下的研究热点，按照知识学习的习惯、教学的规律，由浅入深，循序渐进，注重构成形态概念的输入，将具有典型形态特征“点、线、面”“线、面、块”单独成章，将平面构成、立体构成、色彩构成的基础知识部分与其原理分开讲授，在模糊三大构成的边界感同时，使得各自的知识点更加清晰、易于理解。本教材更加关注构成中的“形态”本身，由“形态”的基本概念入手，详细讲解了从平面形态到立体形态的变化过程、构成法则、表现形式等，以及在不同的形态变化中色彩的相关知识与法则，构建全新的风景园林构成设计原理训练体系。

图书在版编目（CIP）数据

风景园林设计构成原理/张瑞超，段渊古主编. —北京：中国林业出版社，2023.8
国家林业和草原局普通高等教育“十四五”规划教材　高等院校园林与风景园林专业系列教材
ISBN 978-7-5219-2085-7

Ⅰ. ①风…　Ⅱ. ①张… ②段…　Ⅲ. ①园林设计—高等学校—教材　Ⅳ. ①TU986.2

中国国家版本馆 CIP 数据核字（2023）第 002648 号

策划编辑：康红梅
责任编辑：康红梅
责任校对：苏　梅
封面设计：时代澄宇

出版发行：中国林业出版社
（100009，北京市西城区刘海胡同 7 号，电话：83223120）
电子邮箱：cfphzbs@163.com
网　　址：www. forestry. gov. cn/lycb. html
印　　刷：北京中科印刷有限公司
版　　次：2023 年 8 月第 1 版
印　　次：2023 年 8 月第 1 次印刷
开　　本：889mm × 1194mm　1/16
印　　张：6.75
字　　数：186千字
定　　价：56.00元

《风景园林设计构成原理》编写人员

主　编： 张瑞超（西北农林科技大学）

段渊古（西北农林科技大学）

副主编： 张丽君（四川农业大学）

曹　宁（西北农林科技大学）

娄　钢（西北农林科技大学）

参　编：（按姓氏拼音排序）

陈红武（西北农林科技大学）

高　天（西北农林科技大学）

孔　伟（山西农业大学）

孔德容（西北农林科技大学）

李新昌（宝鸡文理学院）

潘　晶（西安工业大学）

史承勇（西北农林科技大学）

王亚云（杨凌职业技术学院）

杨　乐（长安大学）

杨　哲（杨凌职业技术学院）

于瀚洋（西北农林科技大学）

张　顺（西北农林科技大学）

张　斐（仲恺农业工程学院）

张艺茹（西北农林科技大学）

前　言

构成是多种元素按照一定的规律有机地进行组合，产生不同的视觉感受和不同的联系，并与我们的生活、工作等息息相关的造型活动。如自然环境中的构成，天、地、山水、植被、城市环境、建筑道路、绿地等。对于城市而言，其内部构成就有许多方面的内容，如城市内部空间构成、城市界面构成、城市肌理构成、城市风景园林设计构成等。本教材将重点针对风景园林领域，对不同维度、不同形态的构成方法与规律进行系统介绍。

本教材在全面贯彻党的二十大精神指导下，以培养造就德才兼备的高素质人才为目标对国内外同类教材进行系统调研与分析的基础上，进行了知识点的归纳与总结，对教材的结构进行了重构；同时深入研究了风景园林、园林、城乡规划、环境设计、木材科学与工程等相关专业的人才培养目标、构成课程的教学目标等，结合设计构成原理课程应用的广泛性、授课对象的特殊性、教学过程的完整性等因素，历时两年多编写完成。本教材既可供风景园林专业的构成艺术课程选用，也适合其他非艺术类专业设计构成课程的学习，部分内容还可为艺术类专业学生提供参考。

本教材由西北农林科技大学张瑞超、段渊古担任主编，四川农业大学张丽君，西北农林科技大学曹宁、娄钢担任副主编。张瑞超负责拟定本教材大纲和统稿，段渊古负责拟定编写方案，具体编写分工如下：1.1 ~ 1.3 节由曹宁完成，1.4 节由娄钢完成；2.1 ~ 2.3 节由李新昌完成，2.4 节由娄钢完成；3.1 ~ 3.4 节由张丽君完成，3.5 节由陈红武完成；4.1 ~ 4.3 节由于瀚洋完成，4.4 节由史承勇完成；第 5 章由杨哲完成；第 6 章由孔伟完成；7.1 节由张艺茹完成，7.2 ~ 7.5 节由张顺完成，7.6 ~ 7.8 节由潘晶完成；8.1 ~ 8.5 节由杨乐完成，8.6 节由王亚云完成；第 9 章由张斐完成；10.1 ~ 10.3 节由娄钢完成，10.4 ~ 10.5 节由高天完成，10.6 节由陈红武完成，10.7 节由孔德容、段渊古、张瑞超完成。

特别感谢中央美术学院肖勇教授、西安美术学院李望平和张浩教授、陕西科技大学米高峰教授对本教材的全面指导。本教材得到“基于文化自信的农林高校美育教育体系建设”（项目编号：2021160059），“农林高校美育教育融入路径研究”（项目编号：SGH21Y0030）以及“设计学视域下高校美育课程设计与应用研究”（SGH21Q015）项目的支持。同时感谢为本教材提供作品的各位作者，书中均已标明出处，在此不一一列举。

由于时间仓促，编写水平有限，疏漏之处在所难免，恳请广大读者批评指正。

编　者

2023 年 1 月

目 录

第 5 章 立体形态构成的造型原理

第 6 章 线、面、块构成

第 7 章 材料构成

第 8 章 色彩构成的造型原理

第 9 章 色彩对比构成

第 10 章 构成原理在风景园林作品中的应用评析

参考文献

第1章 绪论

“构成”（composition）是一种造型活动，以形象元素为基本符号，以逻辑明确的结构形式组织元素间的关系，形成具备形式美的视觉效果。当前构成应用已经涵盖很多领域，人们的生活环境都可以充分体现构成主义理念——艺术来源于生活，服务于生活，为了更好的生活。

1.1 构成的起源与演变

现代构成主要有三个源头：一是20世纪初的俄国构成主义运动；二是荷兰的“风格派”运动；三是以包豪斯设计学院为中心的设计运动，其中，俄国的构成主义运动是其中最重要的源头。

1910年康定斯基所著《论艺术的精神》出版，俄国一些艺术家开始探索新的抽象艺术，其中，带有标志性的艺术家是塔特林。他研究并吸收了毕加索立体主义作品的艺术精神。塔特林创作了一批自称“绘画浮雕”的作品，其中有6件作品在1915年彼德格勒未来派展览“特拉姆V”上展出。之后夏加尔、康定斯基、佩夫斯纳、加波、阿尔特芒等人先后回到俄国。马列维奇用一种有动态的中轴和对称的几何图形，使之互相对置，并运用色彩的层次来喻示空间，使形体呈现浮雕感。直到1919年，塔特林为共产国际设计的《第三国际纪念碑》堪称他的代表作，作品将绘画、雕塑、建筑和实用融为一体，是“各种物质材料的文化”的构成主义理论的一个试验，成为“构成主义”的作品宣言，甚至可以说“构成主义”一词是随着塔特林的作品而诞生的一个新艺术词汇。

随着德国工业生产的发展及苏俄的构成主义的影响，德国包豪斯设计学院校长格罗庇乌斯逐渐发现传统的手工艺教育模式已经无法满足工业时代的生产要求，他越来越认识到工业技术的重要性。在1922年，他邀请康定斯基任教，后者不仅为包豪斯带来苏俄抽象艺术革命的第一手知识，还系统、清晰而准确地表达他在视觉和理论上的概念，后构成主义思想成为包豪斯教学理念的指导思想。康定斯基在1926年出版了构图课程教科书《点、线到面》。这本书在包豪斯的构成教学中发挥着重要作用，影响深远。另外，荷兰风格派也有着深远的影响，核心人物有杜斯伯格、蒙德里安、里特维特等，1921年杜斯伯格到包豪斯讲学，随后包豪斯更换了徽章，通过徽章可以看到明显的风格派影子。

构成主义的先行者均承担了包豪斯的三大构成教学工作，经过包豪斯设计学院的不断发展，逐步形成了现代设计风格代表，注重功能与形式相统一，提出了艺术与科技相结合的设计理念，通过色彩和空间方面的分析与研究，将点、线、面、体作为基础元素进行构成设计活动，并制定了成熟的现代设计教学体系，对现代绘画、现代美学、设计教育产生了重要影响，也为我国的设计教育奠定了基础。随着现代构成的发展与演变，“构成”成为现代设计的基础，构成教学成为培养我国现代化建设设计类人才的基础课程。

1.2 构成的基本知识与形式

构成形式主要有三大类，即平面构成、色彩

构成和立体构成。三者相互依存、相互启发，不可分割。

平面构成是根据视觉美学原理，在二维平面上进行各种组合和排列，用理性的思维和逻辑推理来创造形象、研究形象与形象之间的排列方法。是理性与感性相结合的产物，主要研究在二维平面内创造理想形态，或是将既有的形态（具象或抽象形态）按照一定原理进行分解、组合，从而构成多种理想的视觉形式的造型设计基础课程。平面构成主要有九种构成法则，分别为：重复构成法则、近似构成法则、渐变构成法则、发射构成法则、空间构成法则、特异构成法则、密集构成法则、对比构成法则和肌理构成法则。

立体构成也称空间构成，是用一定的材料，以视觉为基础，力学为依据，将造型要素按照一定的构成原则，组合成所需形体的构成方法。它研究空间立体形态的范畴，也是研究立体造型各元素的构成法则。立体构成主要有五种构成形式，分别为：半立体构成、板式构成、柱式构成、聚集构成和仿生构成。

色彩构成是从人对颜色的知觉和心理效果出发，通过利用色彩的相互作用、科学分析的方法，把复杂的色彩现象还原为基本要素，利用色彩在空间、量与质上的可变性，按照一定的规律去组合各构成要素之间的相互关系，再创造出新的色彩效果与对比的过程。色彩构成主要形式体现在色彩对比关系上，分别为：色相对比、明度对比、纯度对比、补色对比、冷暖对比、面积对比以及色彩的空间视觉混合。

1.3 构成的训练方法与目标

包豪斯设计学院将平面构成、立体构成和色彩构成这三门“构成课程”作为教育课程，既有严格的理论体系，也强调教学和实践的结合。教学中提倡运用不同材质进行概念表现，鼓励并引导学生对色彩的形式想象力进行理性分析和试验，帮助学生打破旧的艺术教学约束与视觉习惯，逐渐建立了崭新的、敏锐的视觉认知能力。这一教学体系是包豪斯之后成为现代设计教育的重要基础体系。

1.3.1 构成课程的学习方法

在进行平面构成的学习时，首先要了解点线面的定义、形态和作用，然后对点线面的构成做大量练习，需要熟练掌握以下设计法则：重复法则、相似法则、渐变法则、发射法则、空间法则、特异法则、密集法则、对比法则、肌理法则。立体构成学习首先是空间思维的建立。将视觉规律与空间思维结合，将形态与尺度结合，将材料肌理与造型形式结合，对于不同的立体构成形式规律进行归纳总结，形成成熟的立体构成意识。色彩构成学习应立足于色彩的规律和色彩的具体运用，理解色立体、色彩的对比与协调以及色彩的心理，并将之与具体的色彩感受相结合。构成的主要学习方法有以下几种。

（1）善于观察识规律

在实际生活中，大自然和生活是我们最好的老师，各类构成规律存在于具体的视觉形态中，要善于观察身边事物，通过观察和总结，打开眼界和思维，大胆地想象和表达，发现身边世界的视觉规律。也可以通过一些课件和大量美的事物的鉴赏来提高自身的美学素养。

（2）增进交流多讨论

学习切莫闭门造车，要通过一次次观察进行，学习时要与身边的朋友进行讨论，每个人的想法都有出入，进行激烈的思想碰撞也是一种提升的过程，借以拓宽思维，能对自己所思所想有一个更准确的理解。在设计前或者设计中可以和小组成员进行交流，通过讨论等来弥补自身不足，学习他人优点，提升自己的审美水平。

（3）了解材料勤动手

在教师进行引导、分享以及讲授的过程中，学生尽管对所思所想有一个大致的认识，但却并未付出行动。因此必须通过一些动手实践活动来更好地感受构成所传递的感情。工欲善其事，必先利其器，材料是我们做设计的好武器，不同的材料具有不同的性格。造型效果不同，材料影响和丰富形式语言的表达。特别是立体构成，离不开材料、工艺、力学、美学等。因此，要学习理解材料和工艺等基本内容，将所学应用到实践中去。

（4）提高理解和审美

当今社会是一个信息大爆炸的时代，同时，无数风格迥异的资材层出不穷，这时就需要提高自身的理解能力，明是非、懂正误，还要理解色彩的构成元素和变化，不断提高自身审美能力。

1.3.2 构成课程的学习目标

（1）建立视觉规律的认知基础

通过构成学习，建立平面、色彩、立体三种构成类型的基本视觉形式的认知，为风景园林设计运用构成建立基础；通过抽象思维基础训练，提升学生抽象思维的广度和深度以及艺术思维水平。

（2）培养艺术创造力

构成实际是一种抽象形式的设计，作品由点线面等基本元素构成，可以在视觉美逻辑的前提下充分发挥想象力，通过对身边事物的观察和认识，感知其所具备的不同视觉特征形成的美感，通过自由和创造的训练，获得思维感情，创作出新颖、独特的作品，着力培养学生的艺术创造力。

（3）提高设计审美能力

构成的形式美是根据生活中美的规律加以排列组合提炼而成的，可以充分利用造型的基本元素，从二维到三维的视觉形式创造出无穷无尽的奇妙作品，在增强视觉冲击力的同时提高自身的审美能力。

1.4 风景园林中构成的作用与影响

构成为风景园林设计提供一种思考方式和解决方法，提供了点、线、面、体、块、色彩等要素组合法则，给风景园林设计带来了极具视觉效果的美感和冲击力。构成中的点并不是单单指某一或者某块事物，而是兼具位置、方向、形状、宽度、厚度的。在风景园林设计中，若能运用得当不仅可以将视觉汇聚，引人注意，还能加强空间的起伏变化，达到营造视觉中心和兴趣点等目的。

构成中的线是非常具有表现力和感情的构成元素，通过重复、渐变、发射等一系列方式营造富有节奏和变化的空间。在风景园林中具有联系各个景观节点的作用，线的密集可以排列成面（图1-1），如道路、桥廊等，具有边界感的线则是一些河流水域的边界等。

色彩的组合构成，改变着过去的传统构图方

图1-1 长城脚下公社——竹屋（设计师 隈研吾）

式，使现代园林景观更加生动多彩，更具时代气息。在风景园林设计中，常常要对植物的组合等进行全面的推敲，不同的色调给人带来不同的感受，相应用到不同的设计中，如冷色与白色、适量的暖色搭配，能产生明朗、欢快的气氛，在庭院和广场以及一些较大的市政项目草坪和花坛中经常使用。而暖色不宜在高速路、街道的分车带及道路两侧大面积或长距离使用，因为暖色系视觉冲击力强、可见度高，易分散驾驶者和行人的注意力，增加事故发生率。总之，随着人们物质生活的不断丰富和精神需求的提高，人们对于美的追求也越来越强烈，风景园林设计中对于色彩的运用，其艺术思潮和风格也在不断发生变化，从地面铺设、植物配置、建筑雕塑等的色彩运用中都呈现出丰富多彩的景象。

思考题

1. 构成的主要类型有哪些？它们分别具有怎样的构成形式？
2. 结合你在现实生活中的实际感受，列举几种不同的构成应用例证。

第2章 构成与形态

“形态”是构成这一造型活动的基础，构成就是对各种各样的形态按照一定的秩序进行组合。在人们生活的环境中，事物总是以各种形象被人们感知。大自然中的日月星辰、山川河流，人工建造的高楼大厦、道路桥梁等无不如此。在视觉艺术中，从传统的绘画、雕塑，到当下时兴的数字艺术、光电艺术等，这些艺术作品也都是以各种视觉形态呈现。本章从形态的基本概念、分类、构成形态与空间关系等方面入手，阐述风景园林设计中构成形态的相关知识点。

2.1 形态的概念

人们在描述事物外在样貌时经常会用到形状或形象。美国艺术理论家阿恩海姆认为，形状是被眼睛把握到的物体的基本特征之一，它涉及的是除了物体之空间的位置和方向等性质之外的外表形象（阿恩海姆，1998）。形状侧重事物外表结构特点，比如圆形、方形。形象则还能引起人们视觉感知以外的价值判断。“视觉不是对元素的机械复制，而是对有意义的整体结构式样的把握”（阿恩海姆，1998）。在造型活动中，人们所观察的不只是事物表面的形状，更重要的是事物整体性结构所呈现的样态。

形态作为艺术中常用的专业术语，含义非常丰富。从广义上来讲，形态一词不仅包括形式，还包含有类型、风格特征等。如俄罗斯艺术理论家莫·卡冈认为形态学是关于结构的学说，但它不仅是研究艺术作品的结构，而且探讨艺术世界的结构。从字面上看，形态由形和态两个字组成。形指形式、形状，态指态势、状态。辛华泉认为，形态是事物内在本质在一定条件下的表现形式，包括形状和情态两个方面。形态构成所研究的对象是形态的创造规律，具体来说就是造型的物理规律和知觉形态的心理规律（辛华泉，1999）。从这个层面看，形态所研究的对象既包含形式造型的规律，也包含人们对形式的感知方式和认知的心理规律。

由于主体受社会、文化、道德以及心理和生理特性等因素的影响，对事物形象的感知与其客观存在状态并不完全一致，这种感知不是一个单纯的物理性的客观反映。影响人们对形态认识的因素主要有两个方面，一是物质性因素；二是心理因素。物质性因素主要包括具体形态的形状、色彩和肌理及其构成方式，这些因素多为客观因素，具有稳定性、恒常性。有些形态整齐、统一、强烈、鲜明，易于辨识；有些形态模糊、混杂、虚化，不易辨识。心理因素主要受人对形态感知中心理状态的影响，其中包含感情、动机、意图等，不同的心理状态有可能对相同形态产生不同的感知和解释。

2.2 形态的分类

2.2.1 定形与无定形

对事物形态的分类，可以有多种方式和角度，便于从不同的视角来认识形态特点。日本著名设计教育家朝仓直巳将形态分为两个大的类别，即定形和非定形。“定形指具有数理规则结构的形，是有可能再现的，可以明确地定形，从这意义上来说，应是合理形态。与此相比，不具有数理规则的形，尽管想再现也是不可能的，也就是说，它的再现性是‘不定形’的，从这个意义上说，是非合理形态”（朝仓直巳，2000）。根据此可以认为，类似几何学形态，具有明确变化规律和组织结构的形态属于定形，而变化规律和组织结构不明确的属于非定形，如有机形态和偶然形态。

几何形态具有明确的外形，有着数理规则的变化和组织结构，如正方形、圆形、正三角形、正多边形等，形态明确、对称、完整、可测量、可复制。在变化时可以依据数理规则和组织结构形成新的形态。在视觉上呈现出几何化、抽象化的效果，具有理性、严谨、明确、秩序的美感。

有机形态具有很强的自然性，随机自然分布，变化丰富，不受数理规则限制，呈现出活泼、自由、生命感等特点，在视觉上给人以生机盎然、和谐自然之感，如花草树木的形态。水滴、波浪、火焰等形态也符合有机形态的特征，这些形态不断地生长、运动与变化，充满勃勃生机。

偶然形态是意料之外偶然所得的形态，不具有严格的组织结构，难以原样复制，形态自由、不规则，在形态产生的过程中不受控制。如喷洒的液体形成的形态、碎落的玻璃、撕扯揉搓的纸张、火烧过的痕迹等，都是在偶然中产生的一些新奇的视觉形态。此类形态往往具有随机感、意外感，在视觉上呈现出独特的感性之美。

2.2.2 现实形态与概念形态

若根据形态在生活中的呈现来划分，可以将事物形态分为两类：一类是现实形态；另一类是概念形态（辛华泉，1999）。现实形态包括自然形态和人工形态（图 2-1）。自然形态是指大自然中形成的各种可视形态，如树木花草、山石瀑布、飞禽走兽等。尤其在科学技术的支撑下，人们得以从宏观和微观两个层面来观察各种自然形态，它给人们展现了丰富多彩的形态式样，如细胞的结构、宇宙的黑洞等。

人工形态通常是指人类利用各种材料和工艺制作而成的器物形态，是人类有意识的劳动结果（图 2-2）。人工形态丰富多样，从各种历史遗迹到现代科技产品等，人工制造物的形态反映人类文明的发展轨迹。一些人工形态是依据实用性来设计制作，如建筑、空调、电话、劳动工具等，其形态从实用功能来设计，具有功能性的同时往往也要体现审美性；还有一些人工形态是为纯艺术目的而作的，如绘画，以形态本身作为认知对象。

概念形态虽然是非现实形态，但是如果作为造型对象或者素材，必须予以直观化。当其被直观化时则称为纯粹形态（辛华泉，1999）。概念形态是人们从各种自然及人工形态中抽象出来的对形态的概念性认识，如圆形、方形。概念形态在没有具体视觉化成为纯粹形态时，是观念性的认知形态。纯粹形态注重形态最基本属性特点、构成法则、视知觉规律等的研究。在设计中经常会在概念形态基础上充分发挥想象，经过夸张、变形、再创造等艺术手法处理后形成新形态。

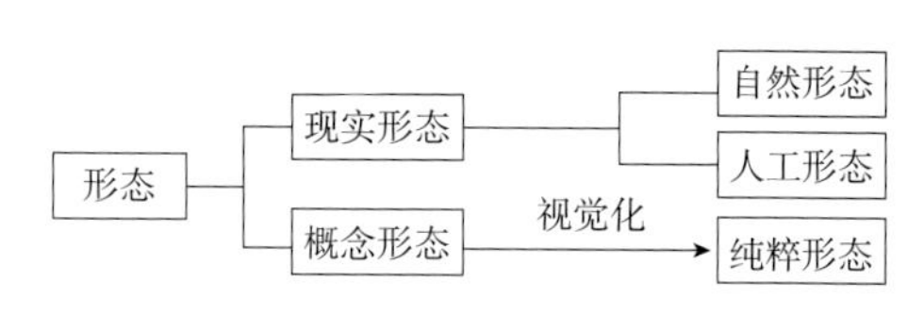

图2-1　形态分类

图2-2　人工形态　唐代《海兽葡萄镜》

2.2.3 具象形态与抽象形态

从视觉认知方式上讲，形态通常分为具象形态和抽象形态两大类。具象形态通常是指依照事物客观面貌构造的写实性形象，其形态与实际形态相近或相似，是现实的、直观的形象。而抽象形态不直接模仿客观物象，是经过提炼、变形等创造性构建的形态，具有观念性、概括性特点。如点、线、正方形、圆形等几何形式的形态，就是抽象出来具有单纯特点的形态（图 2-3）。

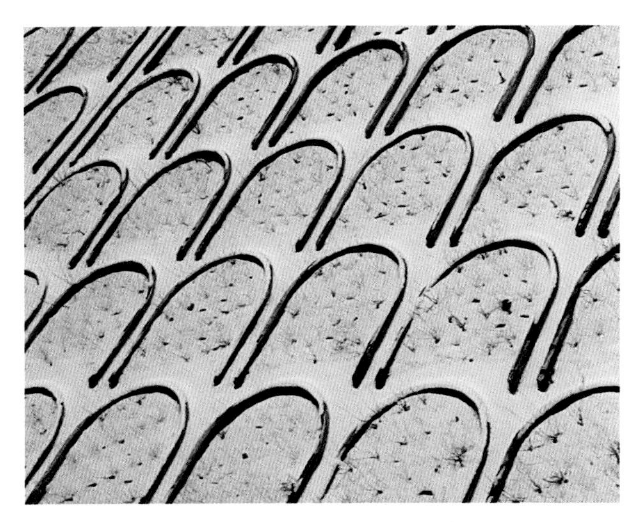

图2-3　具有抽象形态特征的事物

具象形态和抽象形态之间没有绝对的界限，尤其在进行视觉思维时，两者之间是可以转化的。具象事物在形态上有时会呈现抽象的造型特点，如池中残荷、枝头鸟窝、植物藤蔓等。同理，抽象形态也可以具有具象事物的特点，如几何圆形也可以是太阳、足球等圆形事物的具象表现，几何线条也可以是雨丝、树枝等事物的具象表现。

2.3 构成形态与空间关系

各种形态总要在二维空间或三维空间中才能显现，不同形态之间的关系，如方位、层次也只有在空间中才能感受。相对而言，空间若没有形态也难以让人感受，如一张白纸，没有形态时，只是一个平面空间，谈不上空间感，当纸上有了点、线、面等形态并构成形态之间的大小、疏密、远近等关系时，才能产生空间感。此外，二维空间中的形态在三维空间中可能会呈现不同的特征，如二维空间中的一个圆形，在立体空间中可能是一个球体、圆锥体、圆柱体。一个正方形，在立体空间中可能是正方体、长方体。平面空间形态主要依靠轮廓特征，不受观者观看方位或站位的影响，而立体形态不仅依靠轮廓特征，还与观者的视角有着密切的关系。

形态在空间中形成的空间感是实现艺术表现的重要手段，在二维和三维空间中，形态之间以及形态与空间之间主要体现以下关系。

2.3.1 正负空间

在平面空间中，正形通常指画面中有明确形态或意义的形状，它所占有的空间就是“正空间”；画面其余部分的形称为负形，相对应的空间就是“负空间”。正负形关系也就是通常所说的图底关系。正负形之间关系彼此牵连，互相影响和转化，当一方发生变化时，另一方也随之变化。如图 2-4 所示中国传统图形“太极图”是典型的正负空间转换的案例。

在三维空间中也存在图底关系，如蓝天中的飞鸟、夜空中的星星、墙面上的灯等。处理好正空间与负空间的关系是设计实践中一个非常重要的环节，直接影响到形态的视觉表现力。

图2-4　太极图

2.3.2 层叠性空间

形态在空间中往往不只呈现某个单一的形态，在平面或立体空间中，通常是多个形态并存，不同形态在空间中大小不同、方位不同。构成了形态与形态之间、形态与空间的多重关系，这些关系使形态和空间变得丰富和活跃。

在平面空间中，层叠性空间是利用点、线、面等元素，在二维空间中组合出来的空间，通常表现为分离、重叠、交叉、消减等。在三维空间中，这种关系要比二维空间更为复杂，两个或多个形态从不同方位观察可能会出现分离、重叠、交叉等情况。

形态之间的关系主要包括以下几种形式（图 2-5）：

①重叠　是在空间中两个以上形态部分区域重叠，形成前后、上下的空间关系。

②透叠　当两个形态产生一部分重合时，会在重合部分形成一个新的形态。新形态在视觉上通常以区别于初始形态的方式呈现，如在平面构成中，若产生重合的初始形态为黑色（正形），则透叠部分的形态往往反转为白色（负形）予以表现。

③分离　是两个或多个形态之间不相互接触，保持一定的距离。

④联合　是两个形态相互融合，形成一个较大的新形态。

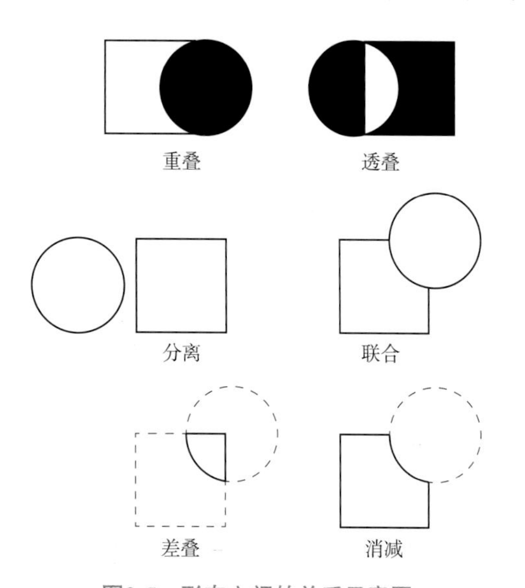

图2-5　形态之间的关系示意图

⑤差叠　是两个以上形态部分重叠，形成新的形态空间，或者两个以上分离的形态与第三个形态连接，建立的新空间关系。构成中，通常将形态之间差叠的部分处理为正形呈现在平面中。

⑥消减　是一个形态减去另一个形态的全部或者一部分，从而形成一个新的形态。消减与覆盖的含义类似，所不同的是在平面构成中消减通常是以具有正负之分的形态进行覆盖，可以理解为负形在上遮挡住一部分正形。由于负形不可见，因此，覆盖后就使正形小于被覆盖前，形成新的形象，没有“上下”“前后”之分。

2.3.3 区域性空间

区域性空间是由各种形态元素在空间中不同位置关系形成的，各种形态元素在平面或立体空间中，由于大小、位置以及形与形之间的各种关系，形成对空间的占有与分割，构成区域性空间。如在平面空间中利用形态的大小、方位、色彩等来区分画面的空间，产生不同的区域空间。在三维空间中，由于各种形态本身存在透视关系，相同大小的形态，在远近距离不同的情况下会产生形态大小的对比关系，在不同的观察角度下，事物可能会呈现不同的区域空间感。

区域性空间有不同的样式，常见的有网格式、轴对称、放射式、自由式等。网格式、轴对称类型的空间，统一、规范、变化有规律。自由式区域空间，灵动、活跃、富有变化，具有运动感。区域空间在实践中需要灵活应用，协调各种形态元素之间的平衡关系。不同的区域空间进行组合时也会出现层叠性空间，使形态的空间关系更加富有变化。

2.4 风景园林中的构成形态

2.4.1 风景园林中的平面构成形态

对于风景园林设计而言，平面构成形态均是一种理性的艺术活动，所以人工形态呈现居多，另有其他形态穿插使用。如中国传统私家园林多为自由式布局，在方寸之间通过空间对比、转折、穿插与叠合的构成手段来实现以小见大的目的；现代园林景观为实现景观功能的综合化，则通过规则与自由结合布局的形式组织格局。另外，风景园林景观中的平面形态的“点”是一个相对的要素，点可以视作一个有边界的范围，如我们所说的景观节点，如建筑、雕塑小品、置石、孤植树等在平面中通常都表现出“点”的存在形式（图 2-6）。

2.4.2 风景园林中的空间构成形态

风景园林设计就是“空间”的组织设计，空间中有不同的大小、形状、高低、明暗，风景园林设计就是利用围合、穿插、衔接、过渡、渗透、因借等构成手法将不同形态的空间予以组合（图 2-7），来实现景观场景的开合关系、衔接过渡、高低起伏等组织变化，从而产生不同情趣的景观效果，满足功能和心理上的需求。

思考题

1. 事物形态在平面空间和立体空间中有何异同？
2. 常见的形态分类有哪些？请分别举例说明。

图2-6　珠海大剧院

图2-7　景观场景的高低起伏

第3章 点、线、面构成

19世纪末至20世纪初是一个历史大变革时代，马克思在《共产党宣言》中讲道，一切坚固的东西都烟消云散了。传统的具象图像不能体现巨变中的时代精神，不再满足新世纪的文化需求，先锋主义艺术家们渴望与传统割裂，不断在艺术中寻找新语言，期望在不断变化运动的世界中寻求永恒不变的精神元素。点、线、面在构成主义艺术家们的不懈努力下从现实世界中被提取出来，成为现代图形构成的基本元素，它们不仅是形式语言，更是现代艺术家们眼中的“绝对精神”所在。

3.1 构成中的点、线、面

世间万象杂乱无序，但通过构成元素和规则的研究可让其有章可循。我们的眼睛和大脑所感知的各种造型，因各自所具的作用、外观不同而分为不同的类别，通过理性的形态分析，就会发现造型中最基本的造型元素是点、线、面。它们相互依存、相互作用，相互结合组成了各种各样的形态，构建出千变万化的造型。同时，它们的关系通过对比而存在，一个字母可以视为一个点，一排文字可以理解为一条线，一段文字则可以认作一个面，一本书在书架上又成为一个点。点、线和面可以按照几何造型和有机造型进行分类。几何造型包括圆形、三角形、直线、圆柱体、锥体、正方体等，常见于现代设计中的日用产品，机械设计、建筑外观等；有机造型包括弧线、曲线、波纹线、螺纹线、漩涡纹等，无论二维还是三维，复杂多变、趣味多样，多见于自然界中的花朵、种子、螺壳、岩石、鱼鳞以及现代仿生设计。

1926年，康定斯基在《点、线到面》中对艺术家每幅画的几何元素进行科学分析和严密的逻辑陈述，他强调画面中点、线元素对观察者内在的影响。他认为点、线、面等造型元素的形态具有独立表现价值和美学含义，拥有“内在声音”。他从外在和内在两个方面对每一种元素进行分析：外在表现是元素的形态；内在表现不是形态的本身，而是活跃在其中的内在张力与情感。而点、线、面构成，是对作品内造型元素以及元素结构的有目的的协调，使之达到构想中的图画效果。基本的点、线、面元素也绝非简单纯粹，而是有着各自复杂的个性和情感属性，元素间的相互组合形成和谐、矛盾与冲突，是一个精神实体。因此，构成的研究不仅研究元素的外在形式，重点是感受形式的内在情感特征。

研究点、线、面构成的目的，是找到元素内在的生命，通过恰当元素的使用让生命的脉动可感知，为生命寻求图式化的规则。当然，构成并不仅是依据简单的规则，甚至包括时代的底色、民族的特性乃至艺术家和设计师的个性等（图3-1），都足以影响构成的基本形态表现。

3.2 点的构成

3.2.1 点的基本含义

点在《说文解字》中：“点，黑也。”后引申解

图3-1 塞纳河上的长廊（法国 乔治·修拉）

释为小的痕迹、小滴的液体、句读的标志、计时单位。点在语言中代表中断、休止、无内容和省略，却又起着承上启下的作用；在几何学中，点则是看不见的实体，没有长、宽、厚、薄，只表示位置，具备无形性，被定义为非物质的存在；在绘画中，点是工具（铅笔、油画笔、刻刀、水彩笔等）与物质材料（纸张、画布、木板、金属、纤维等）最先接触呈现的结果，点具有独立的形态与价值；在设计中，点是最简洁的形，点虽然无方向性，但因为点的张力呈现向心式，且具有稳定性，往往是人们视线关注的焦点。

3.2.2 点的外在表现

点是所有造型的基本组成部分，也是最简洁的形。单点代表位置，多点则是重复与强调；点的聚集既可向内收缩，又可向外辐射，常用来表现和强调节奏感、韵律感。

①点有虚实 实点在日常生活中随处可见，普遍指形态相对较小的事物，如一颗樱桃、一块糖果、天空中的飞鸟、画面中的圆点等实物或有具体边缘实点（图 3-2）。虚点指被周围某些形态所围绕，中间形成空白而形成的点状，如线条断裂后所

图3-2 实点

形成的空隙，茂密丛林中阳光穿透所呈现的点点光斑，城市夜晚高楼林立的空间中闪亮的灯火。

②点有形状　点可分为规则点、不规则点和自然点，因此点的轮廓也是相对的，并且多样的。规则点是指几何形中圆形、三角形、方形、多边形的点；不规则点是指任意形的点、自然形的点，如细胞、墨水溅开产生的墨点；自然点则是指在自然环境中因对比所产生的点，如礁石相守于大海，星辰闪耀于夜空，孤树屹立于荒漠。

③点具有相对性　在视觉形式中，点的概念是相对的，它在对比中存在，如果环境发生变化，点的性质也会随之发生变化。点没有精确的外形概念，区分点和面须注意：点和面之间的大小关系，点和平面上其他形体之间的大小关系，如在点的内部加上不同的形状，点的感觉就会消失，而具有面的感觉。足够大的点本身可形成一个面，在画面中产生强大的张力。

3.2.3　点的内在属性

大自然中，点的积聚现象司空见惯；在雕塑和建筑中，点往往出现在多个平面的交接角位；在舞蹈和音乐中，点也随处可见。

单一的点，给人以静止与内敛感，它具有向心的张力，起着凝聚视线的作用，不论静态还是动态画面，都会成为画面或空间的视觉中心。当单点位于画面或空间中心时，既引人注目，又具有视觉安稳感、平静感。点在空间中具有加强动感、改变空间的视觉效果。在二维平面中，如果点的位置上移，会产生下坠感；点位于左上或者右上时，则具有强烈的不稳定性；点位于左下和右下时，具有逃离感（图 3-3）。

在同一界面中，两点产生离心力，形成元素间的对话，随着视线的移动，具有方向性的动感随之产生。两个相同大小的实点，会产生视觉的平行移动，张力存在于两点之间的空白间隔；一大点和一小点并置，中间具有一定距离时，大点首先吸引视线，再移至小点，给人以由大到小的感觉，视觉上小点会被大点吸引，产生依附性，视线因此会按照由大到小的顺序进行移动（图 3-4）。

多点，即点的重复与变化，都是强化情感的有力手段，也是创造节奏的最佳手段。多点连续排列会形成虚线的感觉，随着点的聚集，密度增大，就会产生虚面的感觉。在现代印刷与屏幕显示中，最小的点称为像素，无数的像素构成点阵图像，远看时色彩纷呈，画面细腻，使用放大镜近看时则全是点的密集组成。点的规则组合排列会产生节奏感、韵律感和空间感，规则的疏密排列会带来一种光感，充满现代气息（图 3-5）；不

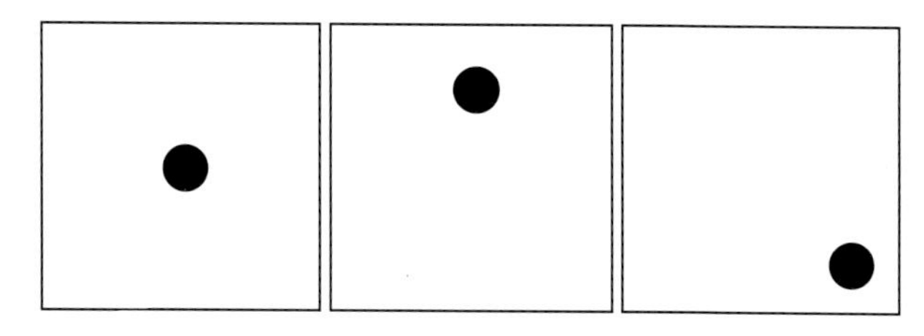

图3-3　单点的位移

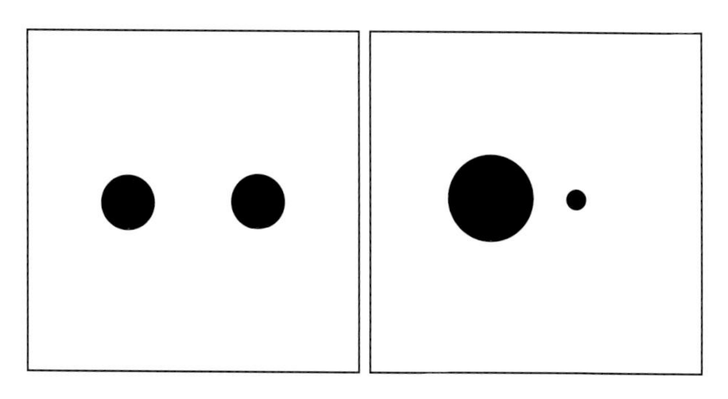

图3-4　两点的关系

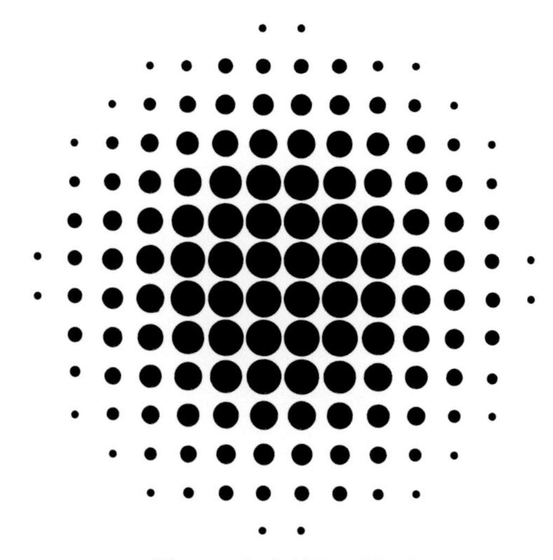

图3-5　多点的规则排列

规则排列，如大小、位置、间距的变化，会创造出丰富的形态变化，产生活泼自由的美。

3.3 线的构成

3.3.1 线的基本含义

线在《说文解字》中："线，缕也"，本义是用丝、麻棉、花或金属等材料拈成的细缕。后引申成为线索、路线、长度等，如杜甫在《至日遣兴奉寄？旧阁老两院故人二首》诗句中写道："何人错忆穷愁日，愁日愁随一线长。"在几何学中，线指一个点任意移动所形成的轨迹，它是不可见的实体；在造型设计中，线不仅有位置、方向、形状，还有相对的宽度，具有很强的表形和表象功能。线在二维、三维空间的构成中具有划分空间、连接空间或物体，或是划分区隔边界、约束形状，以及表现交叉的作用。

3.3.2 线的外在表现

在二维空间中，线常用于信息的划分，引导视觉方向，强调画面重点和强化氛围的作用，线也是面的边界，也能起到装饰画面、突出视觉主题的作用。在三维空间中，线是形态的外轮廓和表明内部构造的结构线。

①线具有不同的形态　线形态的形成主要受到单力和双力的作用。单力是指在外力作用下，使点在某一方向保持不变的运动，使其具有无限延伸的趋势，形成直线、平行线；双力是指通过线两端不断施压，改变直线的方向，压力越大，偏离直线的角度就会越大，形成相接线、交叉线和曲线等。曲线的张力存在于弧形中，封闭的曲线可形成圆形，成为最稳定的面。

②线的面化　当线的排列越密集，面的感觉越强烈；当线越粗，面的感觉也会增强。在线的组织构成中，直线可构成平面，曲线可构成曲面，折线可产生立体空间（图3-6），虚线也可产生丰富多变的虚面。线的强化加粗，与点不断增大面临同样的问题，即与面之间的临界。当然，界限是不确定的、灵活的，一切都依靠比例和参照物来把握。

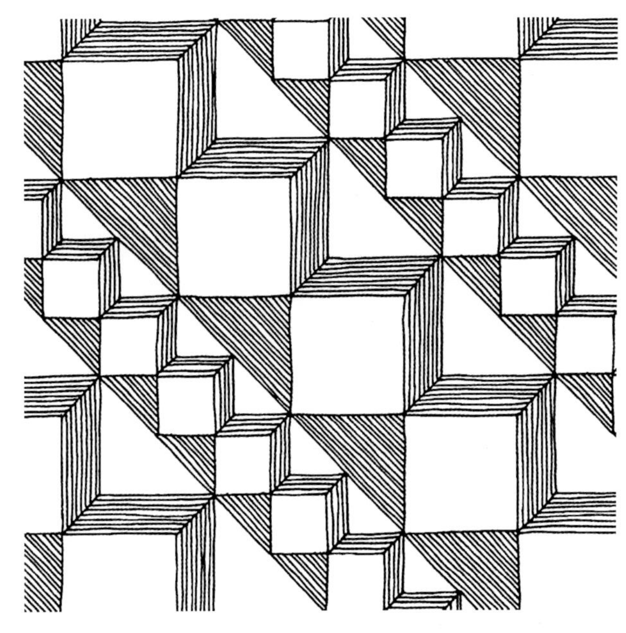

图3-6　线的面化

③线有轮廓　线的轮廓越粗表现线越厚重、醒目和有力度，起强调作用；轮廓越细则表现线越细腻而精致。线的轮廓触感比点丰富，边缘越毛躁，紧张感和笨拙感越强；轮廓越光滑，则越严谨而细致。该特性常常用于设计中，偏天然性、手工产品的设计会选用轮廓较为粗糙的点进行创作；而工业机械设计产品，则会选用精确无误的、完美的点以表现产品现代性和技术的优良。

3.3.3 线的内在属性

线由点的运动创造并具有无限变化的可能，线的奇妙在于它的表意功能，能轻松传达情绪和感觉。

①直线具有简单、明快、力量、速度的心理感觉　康定斯基在《点、线到面》中把直线分为水平线、竖直线、对角线和任意直线。水平线是最简单的形，相当于人站立的平面或走动的线，在水平方向无限地延伸，容易让人联想到我们生长环境中处处可见的地平线，给人以稳定感，具有安静意味和冷的感受；小于对角线的斜线，让人感受到速度；垂直线，与水平线构成直角，具

有强烈的情感，它是温暖的线条；对角线是水平线与垂直线的中分线，其具有上述线条的所有倾向，是冷与暖程度相等的结合。任意直线都偏离或接近前三种线型，呈现出不同程度的冷或暖的倾向。任意直线又可分为同心直线和离心直线，同心任意直线具有聚集感和放射性，而离心任意直线与画面则是较为松散的联系，与同心任意直线相比更有戏剧性和冲突性，似乎随时都有打破画面的可能（图 3-7、图 3-8）。

②曲线传递活泼、生动的情绪　简单几何曲线是通过不断地向直线两端施加压力而形成的弧线，压力越大，线段向外的张力就越大，持续不断地使力，最终已形成的弧线的起点和终点汇聚在一起，达到自我圆满，成为圆形（图 3-9）。简单曲线的张力在于弧，它蕴藏着巨大的韧力和弹性。波状几何曲线是作用力与反作用力交替作用的结果，它的起伏大小由力的增加和减少决定，具有简洁的节奏感。自由曲线则具有自由、浪漫和优雅的感觉，并带有柔和、开朗的特征（图 3-10）。

③线的不同形态以及线的组织方式赋予画面不同的风格特性　通过组织部分设计元素，可产生丰富的变化。线的不连接构成主要分为平行线和等间隔线的构成，会产生稳定、宁静、缓慢的视觉效果，如南宋著名画家马远通过线条创作了 12 张绢本绘画作品《水图》，其中《秋水回波》《洞庭风细》就采用平行的曲线表现秋天微风吹拂下的水波纹，能给人以安静且缓慢之感；《黄河逆流》《层波叠浪》中的线条则打破平行与等间隔的状态，表现水流的激荡与回旋。

④线的连接构成　可形成特殊感知的外形，如漩涡形、发射形和辐射形，这些图形犹如迷宫般，容易让观者产生视觉幻象，现代艺术家们常常利用该特征创作艺术错觉作品。现代艺术中的欧普艺术（Op Art），就是选用线条为绘画语言，通过线条的不同组成形态形成众多的视错觉作品。其中，匈牙利裔法国艺术家维克多·瓦沙雷利（Victor Vasarely）对线与面、形态与颜色有敏锐的感知，他的作品《斑马》（图 3-11）被人们认为是最早的欧普艺术作品。

图3-7　同心任意直线

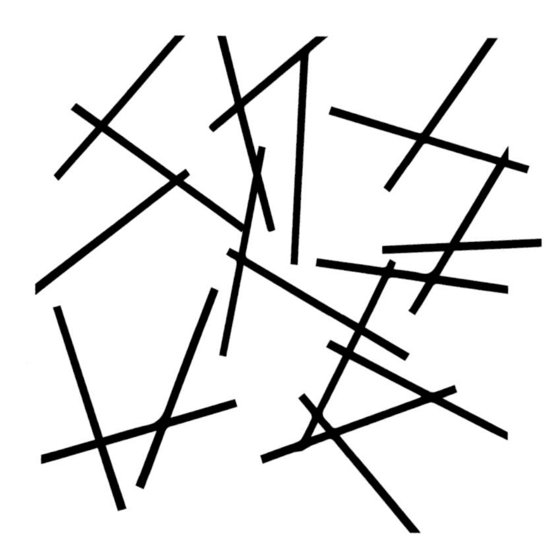

图3-8　离心任意直线

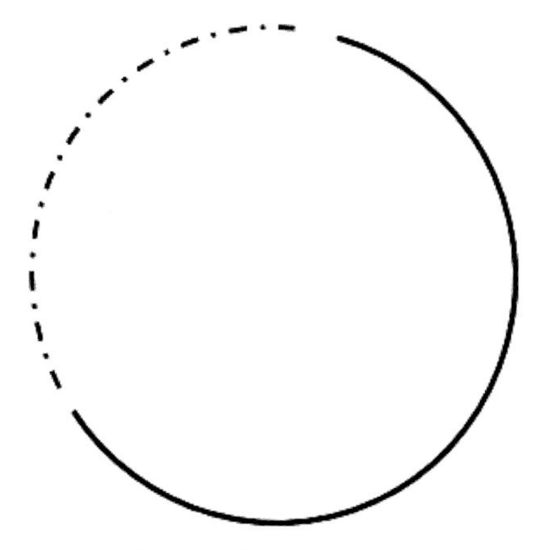

图3-9　线的内在张力

图3-10 《吻》（彼得·贝伦斯，1898）

图3-11 《斑马》（维克多·瓦沙雷利，1932）

图3-12 《钻石椅》（哈里·贝尔托亚，1952）

⑤线的交叉构成　直线的交叉可产生平稳感，如日常生活中处处可见的方形瓷砖的拼贴，而曲线的交叉则会产生具有光感的视觉效果。美国建筑师、雕塑家、家具设计师哈里·贝尔托亚（Harry Bertoia）擅长金属工艺，他在1952年设计的金属材料座椅，因其形状以及线条变化所产生的光感，被命名为《钻石椅》，成为家具设计史中的经典作品（图3-12）。

3.4　面的构成

3.4.1　面的基本含义

面在《说文解字》中："面，颜前也"，即为脸，后衍生成为事物的外表、方位、会面、方面等，如西汉史学家司马迁在《史记·项羽本纪》中描述："令四面骑驰下。"在几何学中，面指线移动所生成的形迹，有长和宽却没有厚度的形；在造型设计中，点的扩大、线宽度的增加，或点的密集和线的聚集与闭合都会形成面，具体的面称为形。面与点、线相比，充实感和体量感是其最显著的特征，它既可以简单到一颗鹅卵石，又可以复杂到一副人的面孔。

3.4.2 面的外在表现

①面的形态　分为几何形、有机形和自由形。几何形是利用直尺、圆规等工具所绘制的规则形，制作方便，容易复制，且易识别。几何形中最基本的是圆形、四边形和三角形，直线平行移动可形成方形的面，直线旋转移动可形成圆形的面，斜线平行移动可形成菱形的面，直线一端移动可形成扇形的面。这三种基本几何形是组成其他形状的基础，也是我们日常生活中常见并且经常使用的图形，如门窗、相框、屏幕、圆镜等。受点、线的影响，有机形在自然界中比比皆是，如心形、半月形、楔形、拱形等，花、叶、瓜、果仁、贝壳、彩虹、山脉里蕴含丰富的有机形状。自由形是随意而偶然生成的，天空飘浮的云朵、艺术家自由挥洒的笔触等。

②面的分类　分为实面和虚面两种。实面是指具有形状明确、边界完整封闭，可以被识别的面。虚面是指点的平面集合，线的平面集合和点、线的平面围绕（图 3-13）。

③面的错视　在二维平面上，形状、面积相等的两个面，在视觉上，黑底上的白面比白底上的黑面突出，上方的面比下方的面大。多个大小相等的正方形等距排列，方形的、间隔的焦点上会形成灰色的点（图 3-14）。在三维空间中，面是构成形体空间的基本要素，用面进行围合后将产生空间，底面用于托住物体，垂直面与顶面则起着隔离与庇护的作用。

3.4.3 面的内在属性

①面与点、线相比是宁静客观的　面是封闭线条或是点线密集集合与围绕的形状。封闭面的线条越细，内部越凸显；线条越粗，内部空间被压缩，面的感觉越强烈。

②面的理性与感性　几何形简单、明快，具有数理秩序与机械的稳定感，体现出理性的特征。

图3-13　线形成的虚面

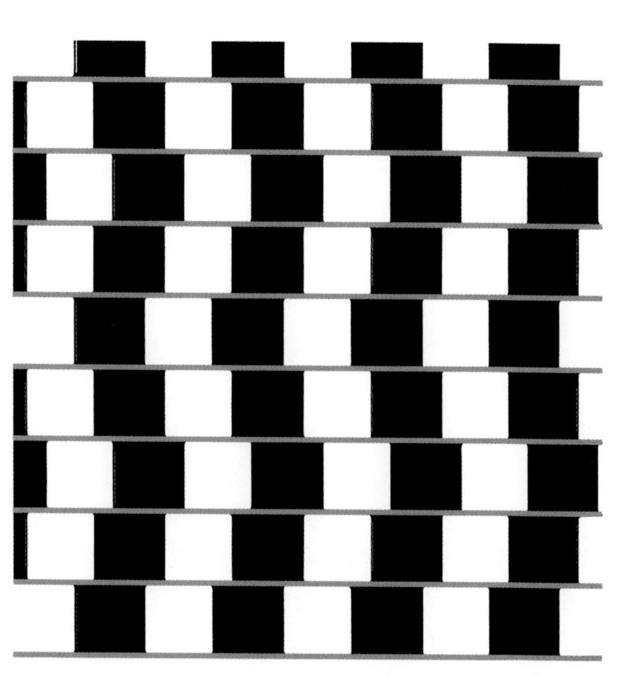

图3-14　面的错视

直线形规则而准确，视觉效果显得机械和造作。直线方形面让人感受安定、有序、简洁，如正方形，形式平衡而均称，是稳定而保守的形状，因此，“正方形”通常代表头脑简单和古板而守旧的人。规则的曲线面有完美感，但充满机械化、标准化气息，具有现代工业化的气质，冷静、严谨和坚定。其中，圆形完美、完整、流畅、闭合，象征着周而复始，无穷尽的永恒；三角形既能指示方向，也可以是坚实的基座，等腰三角形和等边三角形均具有坚如磐石的品格。由曲面构成的有机形个性鲜明，具有活力和温暖感；用手绘形式出现的自由形，能流露出创作者的个性与情感，接近自然形态，给人以随意、放松、舒适和柔美感。自由形面包括偶然形，偶然形是人无意识中偶然获得的天然形态，表达的自由度较为宽泛，且不可复制，也被赋予与众不同的设计魅力。人对形式的情感总是在理性的几何形，感性的自然形和有机形之间平衡协调，既符合生命主体的运动变化，又是生命和谐本质的体现。

③面的有形与隐退　在构图中，元素明确处于面之上，面的感觉被强化，形成有形的面；元素与面松散结合，几乎注意不到面，元素在空间浮动，面隐退，形成无形的面。在构图中，面的上部给人以松散、轻盈、自由之感；下部则给人以紧密、厚重、约束之感。

3.5 风景园林中的点、线、面构成应用

3.5.1 风景园林中点的构成应用

点在风景园林中也是指所占比例较小的元素，在不同尺度的空间点的绝对尺度是有差异的，在不同层面相对较小的相对独立的部分往往可以看作园林中的点。更重要的是风景园林是三维空间，是给人们提供户外休闲的空间，所以即使在总体构图上是点，但在实际应用中点也具有相对性。如在一方园林景观中亭子在总体构图中往往是作为点存在的，但当人们进入亭子，亭子本身就是一个完备的空间。如彼得·沃克设计的哈佛大学校园内的唐纳喷泉自由布局群点的应用，就是利用159块石头作为点来布局，这些点总体为自由布局，各点的大小、形态都有一定的差异，间距也不尽相同，总体控制在一个直径约18.3m的圆内，表现群点的美（图3-15）。而在三维空间中在近距离观赏这些点时则是实实在在的块，每个块的形状不同，丰富了景观效果。

图3-15　唐纳喷泉

3.5.2 风景园林中线的构成应用

线是风景园林中最为常见的表现形式，它可以是点的连线，可以是不同介质的边界，也可以是道路、河流、墙体、坎沿、种植边界等，这些都是风景园林中线的表现。如戴安娜王妃纪念喷泉（图3-16），整体设计采用了曲线的表达方式，其圆环形的水渠置于开阔的绿地之上，其形式上光滑柔顺，并与周围的地形和植物完全融为一体。

3.5.3 风景园林中面的构成应用

水面、草坪、广场、树林在园林景观中均可能以面的形式出现，面往往是基底，是宏观的功能区，具有统一整体的作用，能使园林景观简洁明确。合理地结合点和线，可以形成不同的视觉效果。风景园林中常见的面有地形形成的面、植物

图3-16　戴安娜王妃纪念喷泉

图3-17　苏州网师园彩霞池

面、水面、集中铺装的面、园林建筑形成的面等，苏州网师园的彩霞池（图 3-17）就是不规则的面，总体形状近似方形，轮廓线以自然石驳岸为主，西北角、东南角延伸处理为水之源与水之去处，其他要素的布局以彩霞池为中心，采用周边布局，凸显了“水面”在园林中的应用特点，也体现出中国园林理水的理念与手法。

思考题

1. 构成中时点、线、面表现形式和属性有哪些?
2. 试述东西方皇家园林在景观构图上对点、线、面处理的异同。

第4章 平面形态构成的造型原理

平面形态一般认为是二维空间中的形态，而平面形态构成是抽象的平面形态的视觉形象构成，本章从基本形及设计方法出发，讲述平面形态元素的构成法则，如重复、近似、渐变、发射、对比、特异、空间、分解与重构、肌理9种构成法则。

4.1 基本形

4.1.1 基本形的概念

基本形是平面形态的基本单位。例如，花瓣的形态就是花朵整体形态的基本形。很多精美繁复的形态也是由基本形组合构成的。在形态设计上，基本形需要富于变化，兼具美感与创意，可以独立成形，也可以结合骨格，以更好地构成更为庞大复杂的形态。

4.1.2 基本形的设计方法

基本形的设计重点在于形状轮廓与内部元素的美感组合构成，运用抽象的视觉形态，如点、线、面，依据形态之间的关系以及正负（图底）关系等进行设计。

（1）在简洁形态内设计

简洁形态是指圆形、方形、三角形、正六边形等简单明确的形态。通过在简洁形态内处理好点、线、面的组合形式所创作出的基本形具有外形简洁醒目，内部变化多样的特点。

（2）简洁形态的分解重组

以提取出点、线、面元素用于重组为目的，用切割、消减等方式对简洁形态的局部进行分解，然后将这些元素重新组合，创造出新的形态。常用重组形式有对称、均衡、对比等，重组方法有分离、透叠、错位。通过对圆形、方形、三角形、正六边形分解重组设计出的基本形，仍保持简洁形态最初的视觉特征，具有统一感，重组的方式、方法富于变化，可打破初始形态外形轮廓的限制，具有变化感，符合美感要求。

（3）形的重复

形的重复就是将多个相同的基础形态按照某种规律进行组合，创作更为自由，设计出的基本形须具有较强的独立性质，呈现出连续、整体、统一的视觉效果。

（4）多形组合

多形组合是指将数个不同的基础形态，采用分离、重叠、消减等手法进行组合设计，创作出不同形态的基本形。

4.2 骨格

4.2.1 骨格的概念

骨格，是为了将形态元素有秩序地进行组合构成而设计出的线框、格子，是构成形态的骨架、框架。骨格和字帖里的田字格、乐谱中的五线谱、工地上的钢筋骨架类似，其作用都是设定形态位置和控制形态空间。骨格的最小单位称为单元格，将形态纳入骨格的单元格内进行编排组合是设计形态的重要方法。

4.2.2 骨格的分类

（1）规律性骨格

规律性骨格有着精准严谨的骨格线，有着规律性的数字关系。规律性骨格往往分割明确，具有理性的秩序感与逻辑美。规律性骨格主要包括重复、渐变、发射等形式，其中最具代表性的是重复骨格或空间有规律地变动（宽窄变化）的渐变骨格。

①重复骨格　构成的基本形式是将骨格的每一个单位的形状和面积做大小相等、有秩序的排列。在重复骨格里基本形的排列是整齐的，并且每一个基本形占据的空间完全相等，具有严格的数字逻辑性。在实际运用中应注意的是填充在骨格范围内的形态与骨格形状的相互关系。

②渐变骨格　构成的基本形式是基本形或骨格，渐次地、循序渐进地逐步变化，呈现出一种自然和谐的秩序，富有律动感。

③放射骨格　构成的基本形式是环绕一个中心根据渐变方向排列的重复的基本形或骨格单位。有较强的节奏感和韵律感。

（2）非规律性骨格

非规律性骨格一般没有严谨的骨格线，构成方式比较自由。在平面构成中我们把那些规律性不强或无规律可循的骨格构成形式称为非规律性骨格（图4-1）。主要可分为以下几种：

①半规律性骨格　骨格线有规律地排列时，出现了无规律的状态或者渐渐地向无规律的方向发展。

②近似骨格　是指骨格单位虽不重复，但差异不大，在骨格的外形态或内在形式方面有许多相同因素的骨格形式。

③对比骨格　是指利用两种或两种以上不同性质的骨格构成同一平面骨格单位的形式。

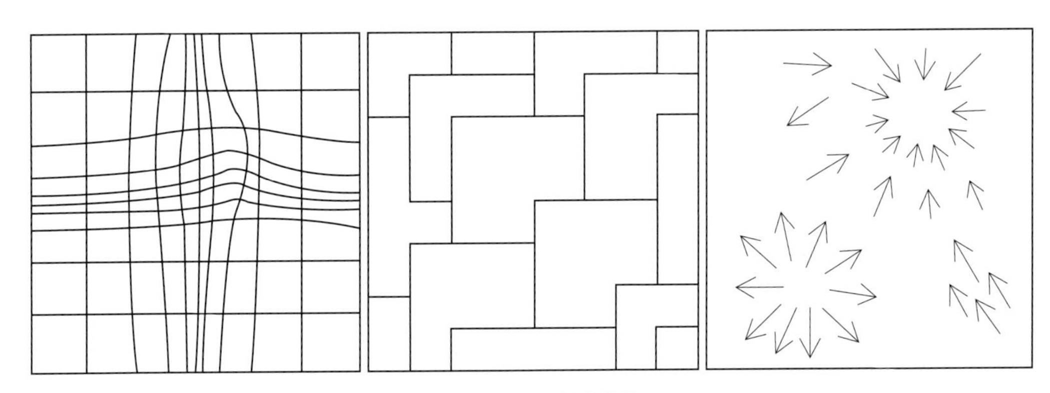

图4-1　非规律性骨格

④密集骨格　在非规律性的骨格中，骨格线构成的位置趋于集中，从而造成具有密集型视觉效果的骨格构成形式。

⑤自由性骨格　在自由性骨格中，骨格的位置与分割画面的方式完全不受数理逻辑的限制，可以根据设计内容的要求自由安排。

此外，骨格的样式也可分为作用性（显形可见）骨格和非作用性（隐形不可见）骨格两种。作用性骨格是指空间中形态的位置、大小、方向、疏密等属性都受到骨格线的控制，同时，骨格线本身也可以是构成形态的一部分；非作用性骨格隐藏在图像与空间中，基本形的变化构成遮掩了骨格的作用。骨格决定了基本形在构图中彼此之间的关系。骨格有时也可以成为形态的一部分，它的不同变化会使整体构图发生变化。

4.3 平面构成的形式法则

4.3.1 重复构成法则

重复构成法则是指相同的形态连续、规律地

反复出现，形成秩序、整齐的图像，呈现出统一和谐、整体秩序的视觉效果。重复法则在生活中无处不在，如建筑铺装、阅兵方队等。重复法则的图像富于装饰美感，能给人以整齐有序、严谨精致、蕴含节奏的视觉美感，还能起到强化整体和加深印象的作用。

设计重复构成可以从基本形和骨格两个方面入手。将基本形复制并在平面中做规律性组合，即可创作出重复构成。还可以以重复构成骨格的单元格为基础进行基本形的设计，也可以直接采用与单元格形状、轮廓一致的既有形态进行重复构成。

重复构成的骨格有多种形式，可以改变骨格线的方向、性质（直线、曲线、折线等）等属性进行设计，还可以运用上下行或左右列单元格的整体错位，或者运用不同形态的线元素对单元格进行分割、装饰等方法进行设计，经过设计的重复构成骨格线本身就是重复构成法则的重要表现。

为了避免重复构成的骨格在纳入基本形后过于呆板，在将基本形置入单元格时需要调整基本形的方向、正反（反转）、正负（黑白）等属性，还可以将多个单元格或者一整行一整列作为一个大的“单元格”进行编排组合，在编排中常用的方法有：基本形顺时针或逆时针旋转、上下或左右交替反转、向心和离心式发射、镜像反转、交替倾斜等。

4.3.2 近似构成法则

近似构成法则是指图像中的各个形态在形状、大小、方向、肌理等属性方面差异变化不大，且存在较多的共同特性。近似构成法则的形态无需整齐严谨的组合规律，基本形可以相对自由地打破单元格、骨格的限制，在视觉上更加生动活泼、丰富有趣，而又不失统一感和秩序感。

通常将圆形、方形、三角形、弧形以多种方式进行编排组合以创作符合近似法则的基本形，也可以利用相似的形态、符号来作为基本形。例如，不同语言、字体书写的同一个文字、数字或者不同形态、肌理的符号等，图 4-2 为英国设计师艾伦·弗莱彻使用不同字体的英文字母 Q 创作的作品，其设计手法就是运用了近似构成法则。

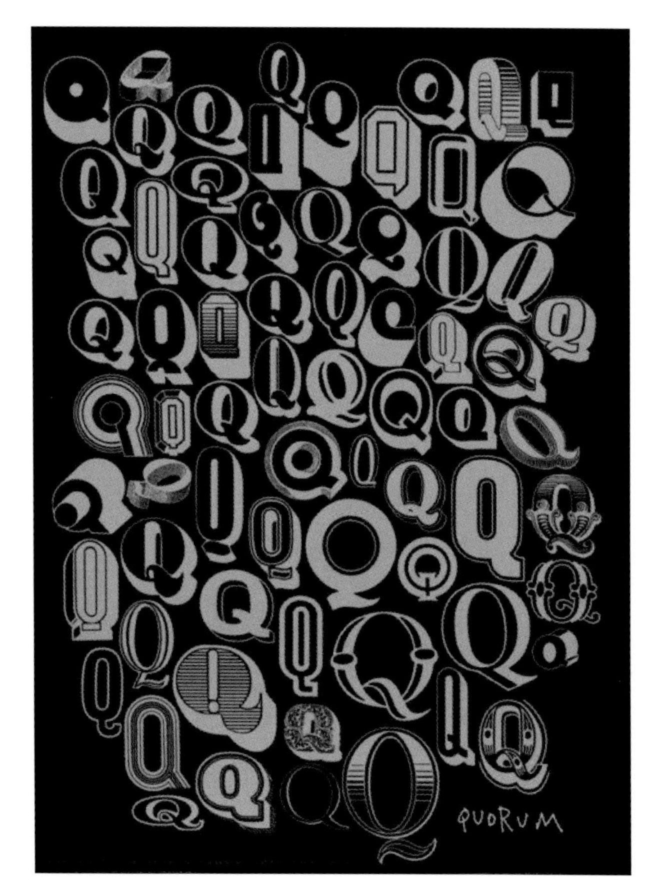

图4-2 26个字母：照亮字母表（英 艾伦·弗莱彻）

4.3.3 渐变构成法则

渐变，也称渐移、推移。渐变法则是指基本形或骨格逐渐规律地循序变化。渐变构成呈现出自然的秩序感、强烈的空间感，以及节奏感、韵律感等不同的感受。在我们的生活中到处都有渐变构成，如规律排列的路灯，给人以有韵律的空间感、有节奏的运动感。

一般来说，渐变构成法则可分为基本形渐变和骨格渐变。

（1）基本形渐变

基本形渐变是指基本形从一个形态逐步变化为另一个形态，这一过程的图像序列即为渐变构成的形态。形态之间进行变化的可以是形状、位置、大小、方向、明暗、虚实、正负、黑白等属性。

形态渐变的变化过程通常不少于五个步骤，各个步骤的图像在变化上应自然生动、均匀有序、节奏合理。常见的形式有：

①形状渐变　基本形由一个形状逐渐变化为另一个形状的形态序列，可以通过对某个基本形逐步地、有序地压缩、切除和位移等方式创作形状渐变。图 4-3 为世界自然基金会公益海报，图中各种各样的动物，由小到大、由简单到复杂，逐渐变成了一件衣服。

②大小渐变　即基本形由大到小或者由小到大的逐渐变化。如黑色的圆点规律排列越来越小，形成了空间感，也具有很强的运动感。

③方向渐变　当基本形有方向性时，可以有规律地、逐渐地改变其方向，从而产生渐变，如一个基本形顺时针慢慢旋转、整体变化，将这个过程排列出来，最终形成一种视觉上的旋转动感。

④位置渐变　将基本形在图像或骨格中的位置做有序变化的序列，此种渐变构成形式具有强烈的移动感。

（2）骨格渐变

渐变构成中有一种情况是其骨格本身就在慢慢地变化，当然基本形也就会随之变化。骨格渐变中不同性质的骨格线，如曲线、直线、折线所呈现的渐变，能给人带来完全不同的心理感受。例如，曲线形成的渐变构成图像具有更强烈的膨胀与收缩的立体感和空间感。另外，骨格线沿着不同方向逐渐地、有序地进行变化，形成视觉上的立体感和运动感，并引发错视，直线成了弧线。

在实际创作过程中，通常是以上几种方法相互组合、综合运用，基本形和骨格同样重要，通常同时运用、共同发挥作用，可以将基本形纳入重复法则或渐变法则的骨格中，也可以将渐变法则的骨格纳入渐变的基本形进行创作。

4.3.4　发射构成法则

发射构成法则是渐变构成的一种特殊形式，其主要特征是基本形或骨格环绕一个或多个中心点逐渐变化。日常生活中发射构成法则很常见，如阳光、橙子、雪花、花朵等形态。

发射构成法则的要素包括发射点和发射线。发射点，即发射中心，它是发射构成中基本形或骨格线所环绕的中心、焦点。发射点在不同形式的发射构成中能够产生一个、多个，画内、画外，大小，动静等多种区别。发射线，即骨格线，在形态中有方向（离心、向心或同心）、线质（直线、折线、曲线等不同形态）的区别。由于发射点和发射线的不同属性，决定了发射构成的不同形式，主要包括：

（1）离心式发射

离心式发射的发射点通常在画面中心，基本形、发射线由中心向外扩散，所形成的形态具有运动感和闪烁感。

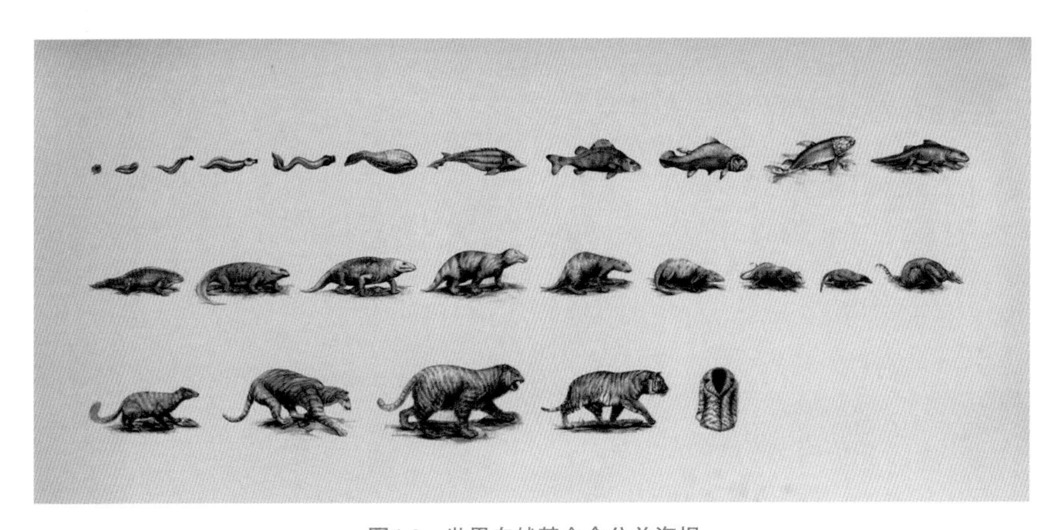

图4-3　世界自然基金会公益海报

（2）向心式发射

向心式发射是一种与离心式发射相反方向的发射构成形式，往往表现为发射点在画面外部，基本形、骨格线从周围向中心发射，用这种形式构成的形态有较强的立体感、空间感，甚至能够产生一定的眩晕感。

（3）同心式发射

同心式发射的基本形、骨格线以层层环绕的方式围绕同一发射点往外发射，形成极强的空间感。例如，同心圆式的形态就属于经典的同心式发射构成。

（4）移心式发射

移心式发射的发射点根据形态的需要按照一定的动势、规律，渐次、有序地移动位置，构成多层次的变化。

（5）多心式发射

多心式发射是运用多个发射点共同作用从而形成发射状态，此种方式可以结合多种发射形式来构成，发射线可以互相衔接、融合。

（6）螺旋式发射

螺旋式发射是以螺旋曲线形态为主所形成的一种发射构成类型。

发射构成法则的骨格本身也是发射构成的形态，此种发射构成简单有力。为了增强视觉效果、丰富图像细节，可以对由发射线相互交错所形成的单元格进行正负、黑白填充处理。

4.3.5 对比构成法则

对比构成是一种自由构成的形式，它不以骨格为限制，通常会将反差很大的两个或多个视觉形态组合在一起，产生强烈的反差但又有一定统一性，可使图像的视觉效果更加生动、活泼，主题和个性更加鲜明。对比的运用应该以适度为原则，可以夸张但不能过分，否则会使构成效果变得混乱无序。常用的对比构成形式如下：

（1）空间对比

空间对比主要是指平面中形态的正负、远近、前后等不同的空间、层次所产生的对比。在设计中合理地运用空间对比，能增强画面的层次感、立体感和形式美感。

（2）聚散对比

聚散对比，即密集的图像和松散的空间所形成的对比关系，既体现了形态与空间的关系，也包含着形态与形态的关系。图中最密处或最疏处都可以形成视觉中心，可具备渐变构成和发射构成的构成形式与视觉效果。

（3）大小对比

大小对比，即形状大小之间的对比，通常用于表现形态之间的主次关系。在设计中通常会将主要内容与需要突出的形态处理得大一些，次要形态小一点，以衬托主要形态，但有时为了取得特殊效果，可将形态的大小差距拉开，用过大的形态（可只展露局部形成完整和残缺的对比）来衬托小形态，使小形态成为视觉中心。此外，大小对比还能体现空间远近，即近大远小。

（4）曲直对比

曲直对比主要是指形态的外形、轮廓的曲直和线的性质间的对比。直线的刚直、挺拔、庄重、平静等感情性格具有稳定版面的作用，但过多的直线会显得呆板。曲线的柔美、优雅、弹性、运动等感情性格，能为版面增加活力和动感，但过多的曲线则会造成版面的不安定感。因此，在画面中实现合理的曲直对比才能丰富画面，增添活力和突出个性（图 4-4）。

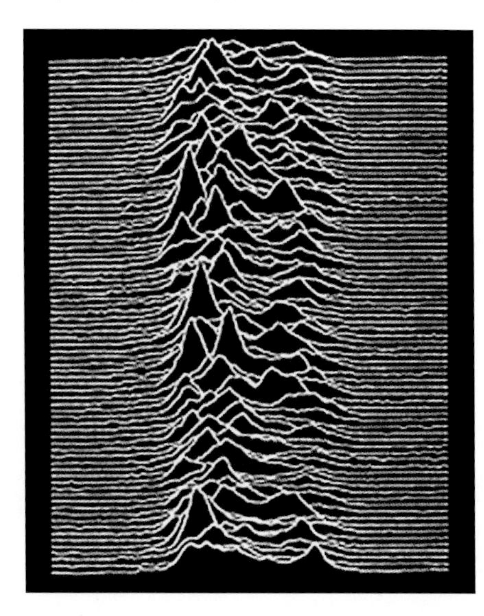

图4-4 彼得·萨维尔（Peter Saville）的设计作品

（5）方向对比

形态方向的变化能产生明显的运动感，也能使与主体方向不同的形态更为突出。在方向变化较多的情况下，应注意处理好主次、层级关系，设置好方向对比带来的视觉导向，按照一定的节奏、韵律，渐次、有序地变换造型元素的方向。

（6）明暗、虚实对比

明暗、虚实关系是任何艺术作品都会涉及的对比关系，准确的明暗、虚实关系和丰富的明暗、虚实层次，有利于主体形态的突出，增强画面的层次。

4.3.6 特异构成法则

特异构成法则是在整体统一的前提下，局部以对比的形式突破规律。特异构成的特征就是个别异质形的形态在多数同质形态中通过对比而显得特别突出，因此，只需一两个特异点就足以呈现此种效果，特异点过多反而会削弱效果。

特异法则的形式主要有基本形的特异和骨格的特异。在创作基本形的特异构成时，特异点形态与相同、近似的基本形之间可以存在一定的联系和意义，以赋予图像故事性和寓意。如图4-5所示，通过改变形态的大小、位置和方向的特异是常见的基本形特异法则形式。

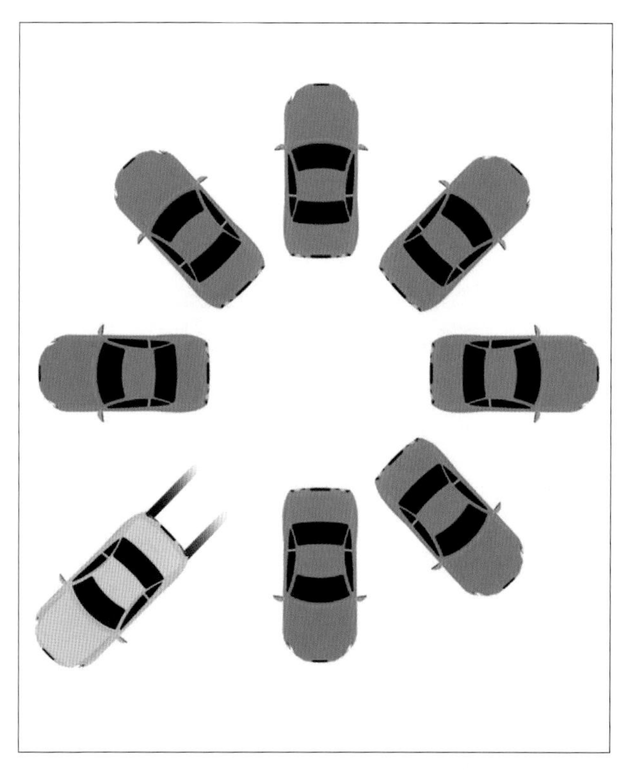

图4-5　特异构成

应用于特异构成的骨格通常是规律性骨格，如重复、渐变、发射等，一方面可以运用规律性骨格编排组合基本形；另一方面可以直接利用骨格进行特异构成。常用的骨格特异构成形式有：规律性骨格的局部在方向、线的性质进行变异，或者出现中断、镂空。

4.3.7 空间构成法则

空间构成主要是指在二维平面上利用视错觉原理，创造出具有三维立体和空间感的视觉效果，最佳的方式是依据透视原理和面的构成作用进行创作。二维平面中空间构成的形式主要有正常空间和矛盾空间两种形式。正常空间，即运用符合透视规律的消失点、消失线绘制出的具有强烈空间感的画面。

矛盾空间是指违背现实世界中正常空间关系的特殊空间效果，常见的形式有多点空间与反转形态。多点空间是有多个视点及消失点的空间效果，如中国画的空间效果。反转形态是利用错视、反转与共用形态构成的矛盾空间形态，趣味性极强。荷兰版画家莫里茨·科内利斯·埃舍尔被誉为“矛盾空间大师”，他在很多作品中都创造了精妙而富有想象力的矛盾空间（图4-6）。

4.3.8 分解与重组构成法则

分解与重组构成法则是将某一形态进行分解处理后，得到新的造型元素，再将这些元素进行筛选提炼后重新组合，从而创造新的形态。在创作时，可以将分解后的元素运用均衡、平衡构图重新组合成新的独立形态。也可以利用骨格对造型元素进行编排组合，如图4-7所示。

分解与重组构成法则是训练构图能力的好方法，根据设计主题的要求分解、概括、提炼造型元素，然后在平面内重组，这是分解重组构成的创作方法。也可以通过分解、提炼杂志、海报中

图4-6 《瀑布》（荷兰 莫里茨·科内科斯·埃舍尔）

图4-7 以骨格为主的分解重组

的形态元素并进行重组构成创作。

4.3.9 肌理构成法则

肌理指的是形态表面的纹理，不同物质的表面有着不同的纹理，给人的感觉也不尽相同，有干和湿，粗糙和光滑细腻，软和硬，规律和无规律，有光泽和无光泽等区别。肌理可分为视觉肌理与触觉肌理。视觉肌理是指由平面中的视觉元素构成的形态纹理，通过肉眼观察就能感受到，通常体现为形和色。触觉肌理是指需要用手触摸物体表面才能感受到的肌理，如凹凸、粗细、疏松、紧密、柔软和坚硬等。在平面形态构成中通常使用的是视觉肌理，常用的视觉肌理创作方法有：

①手绘法 借助铅笔、彩铅、针管笔、马克笔、蜡笔、油画棒、水粉颜料、水彩颜料、油画颜料等多种多样的工具、材料绘制肌理形态，获取不同的肌理效果。

②拓印法 把纸覆盖在存在凹凸起伏肌理的物体表面，再用碳笔、铅笔或其他颜料在纸上磨拓以获得肌理。

③对印法 将浓度较大的多种颜色涂在表面光滑的纸上，再将纸对折，或用另一张纸对合在一起，用手或工具拍、压，形成偶然性较大的形态。

④压印法 将树叶、贝壳、石材等表面有纹理的物体表面涂上颜色，用纸铺在上面压印，也可以像盖印章那样用物体往纸上压印。

⑤喷洒法 用水粉、水彩颜料调和成适宜的稀释度，可以用刷子沾上颜料弹洒，也可以用喷壶、喷笔直接将颜料泼洒于纸面形成肌理。

⑥自流法 将含水较多的水粉、水彩颜料涂于光滑的纸面上，轻轻晃动纸张使其自然流淌，或用嘴吹动颜料，构成形态不一的偶然形。

⑦浸染法 在吸水性较强的纸张表面滴上水

图4-8 中国民间布贴画（赵秀琴）

粉、水彩颜料让其慢慢晕染散开，吸水性不强的纸张可先喷上一层清水，在接近晾干时再涂上颜料。

⑧擦刮法 用锐器在涂抹较厚的水粉、水彩或油画颜料表面刮刻，也可以用硬质物体在颜料面磨擦。

⑨拼贴法 选用旧书报、杂志、布料等进行剪贴拼贴，还可利用手撕取得偶然形，不同布料拼贴也可以形成拼贴的效果，如中国民间艺术中的布贴画（图 4-8）。

除上所述，制作肌理的方法还有很多，如运用油水不混合的原理创作肌理（排斥法），运用火焰进行熏炙的方法制作肌理等。肌理的创作技法是为设计服务的，运用符合设计主题的肌理能够增强图像质感和感染力。

4.4 风景园林中平面形态构成的应用

4.4.1 风景园林中重复与近似法则的应用

重复法则可以体现在园林小品的设置上，如在引导牌、围栏的设计上进行主题和形象的重复；在植物种植上，行道树的排列是一种统一的重复，以及模纹花坛的设计等。其中最广泛的应用形式是基本形按照不同形式的骨格结合进行重复排列，如广场铺装、古典园林中漏窗的设计等。

在自然界中，没有绝对相同的形态，而在园林景观中，取得近似的重要方法是求大同存小异，在基本形重复的基础上，方向、明暗的变化使场景有趣又不失规律感，以此产生统一而又富有变化的效果。

4.4.2 风景园林中渐变与发射法则的应用

基本形渐变在园林景观中多给人循序渐进的有序感，多体现在建筑、水体、园林小品、铺装各个方面。骨格渐变中骨格线疏密的渐变会造成视觉上的起伏感、立体感和运动感，给人带来强烈的节奏感和韵律感，因此多运用在风景园林的道路铺装、墙面的设计或园林小品的排列组合上，丰富组合形式，增添景观的趣味性（图 4-9）。

发射法则具有重复和渐变的某些特征，是一种特殊的重复或是一种特殊的渐变，因此在风景园林中，发射法则多用于灌木群落、花坛和地面铺装的设计（图 4-10）。

4.4.3 风景园林中对比与特异法则的应用

风景园林中的空间对比多体现在开敞与闭合所形成的对比，从闭合空间过渡到开敞空间会给

图4-9 基本形渐变

图4-10 地面铺装

人一种豁然开朗之感，整个游览路线中的空间忽放忽收，既有对比感，又有层次感。风景园林中曲线与直线的运用有着与平面中同样的效果，合理的曲直对比能够丰富场地的视觉效果，为场地注入活力，突出个性，使空间富有律动感（图 4-11）。

在风景园林中，通常是先强调秩序感，再运用特异的构成形式打破，以突出主体。例如，雕塑和园林建筑亭台楼阁的安放，与周围的空间形成了鲜明的特异效果；园林小品的陈列则可以在保证整体规律的情况下，实现小部分与整体秩序不和，以突破规律的单调感，使其形成鲜明反差，造成动感，增加景观趣味性。

4.4.4 风景园林中空间与肌理法则的应用

空间法则中的矛盾空间在风景园林的立体空间中，通常利用视觉的转换和交替，在三维立体的形态中显示出特别的视觉效果，造成空间的混乱，形成介于二维和三维之间的空间，矛盾空间构成更多地体现在当代的设计中。

在风景园林中，不同材质体现出不同的肌理，

图4-11 曲直对比

也会带给人视觉和触觉上的不同感受。自然肌理如木、石等未加工的自然物体所形成的肌理；人工肌理如建筑材质、城市道路铺装的运用，通过雕刻、压揉、烤烙等工艺产生出与原来触觉不一样的一种肌理形式，以及人为创造仿造自然的园林肌理，这种创作形式模仿的不仅是材料，更是一种意境。

4.4.5 风景园林中分解与重构法则的应用

中国古典园林的布局、构图法则可以很好地体现分解与重构在风景园林中的运用，古典园林打破传统布局和构图法则意义上的中心、秩序、逻辑、完整、和谐等规则式原则，通过随意拼接、打散后灵活多样的布置叠加，对空间进行分解、错位，产生一种不规则的自然式布局，步移景异，同一处景点在不同视线下会产生不同且多样的景象，形成丰富的层次和幽深的境界。

思考题

1. 什么是基本形？设计基本形的方法有哪些？
2. 什么是骨格？骨格的作用是什么？有哪几种类型？
3. 在平面构成的多种形式中，强调规律、秩序性的构成形式有哪些？相对自由的构成形式又有哪些？
4. 在日常生活中收集符合平面构成形式法则的形态、照片，并分析这些图像所包含的构成原理和构成形式法则。

第5章 立体形态构成的造型原理

在社会生活中，“造物”是人类文明独有的生存活动，造物是创造物象“形态”和“功能”的生产实践。《辞海》中对形态的表述是：“形状和神态，是指物质产品在恒定条件下原始形状的基本表现形式。”立体构成是研究在三维空间中各种元素按照一定规律组合而成的表现形态，又称形态构成。在空间中一切实物形态都是构成的结果，研究物质形态的造型和组合方法是立体构成学习的目标。

5.1 立体形态构成的特点

立体形态构成是将点、线、面、体等物质材料在空间中依据构成法则，组织成符合形式美、科学结构的造型形态。三维空间相较于二维空间的构成形态在技法与表现形式上有所不同，立体形态需要在长度、宽度、高度三个维度进行设计，使造型形态统一，如建筑室内空间的造型设计 (图 5-1)。立

图5-1 哈尔滨大剧院室内结构

体构成是研究立体形态的造型活动，在此过程中总结造型规律，研究空间中三维形态的变化特点，形成形态构成的造型原理。立体形态构成是科学的造型方法研究，是设计学长期发展所形成的基础知识，立体形态的造型创作需要考虑环境、材料、色彩等诸多因素，相较于二维平面的造型，立体形态构成具备三方面特点。

5.1.1 造型特点

造型是对客观物体的主观描述，造型艺术是指运用一定的物质材料，通过塑造静态的视觉形象来反映社会生活与艺术家思想情感的艺术门类。在立体形态构成中，造型的概念是在三维空间中以点线面元素为基础，对其基本形态进行科学的艺术加工，最终呈现的结果具备设计价值，如具有特色外观的建筑（图 5-2）。

造型是立体形态构成的基本特点，任何元素的形态构成结果都离不开造型体验。在立体构成中最直观的表现即是外观及轮廓的变化，就像在雕塑艺术中原始形态的泥土经过艺术家的改造后成为具象形态的作品。艺术家对泥土的造型创作就是泥土形态的构成结果。

5.1.2 组合特点

立体形态构成探究的是具象结构的变化过程，在这个过程中，形态的变化可能是单一的造型变化，通过自身的外观和轮廓的造型形成新的形态；也可能是单元造型的形态推进，通过增加、重复、再制等造型的创作，形成新的独立形态，这种形态变化特点称为组合（图 5-3）。

形态的组合同样基于外观的改变。在立体构成中，组合的方法是按照一定的结构规则，在不改变单元形态造型的背景下进行组织架构的设计创作，这种方法要求至少有两种原始的形态；经过组合造型方法后的构成形态既包含原有形态的特点，又是新形式的客观表现。根据不同的材质组合以及不同的观察环境，最终的立体构成造型结果呈现组合特点。

5.1.3 构成特点

立体形态构成是三维形态的造型活动，掌握形态的空间性是立形态体构成的特点之一。相较于二维平面，立体形态的构成是从多个角度探究造型价

图5-2 北京中央电视台大楼

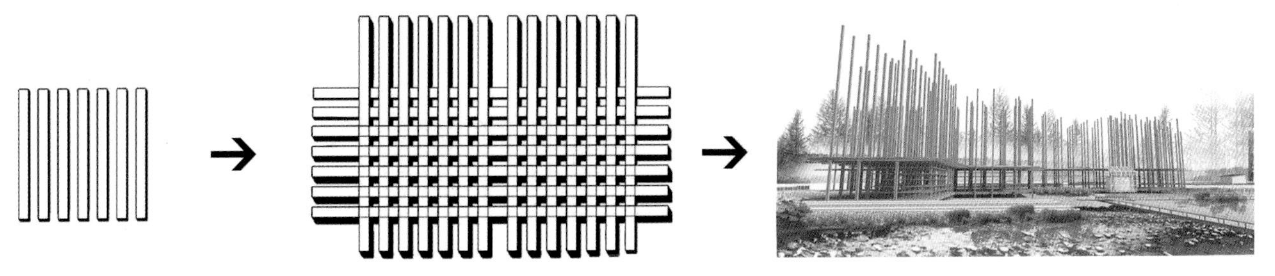

图5-3 组合法则在园林空间中的应用（韩硕）

值的活动且不受框架束缚。因此，立体形态的构成设计要建立三维空间概念，创作者需从多维度构思立体形态造型的合理性，既要保证每一个维度形态的造型，还要考虑整体空间形态的审美，最终形成在独立空间中完整的构成形态（图 5-4）。

抽象性是立体形态构成的另一特点。抽象思维对于立体形态的造型有积极意义，它通过感性的创作来展示立体形态的构成结果。尽管抽象构成与具象构成有区别，但在观察视野二者皆以具象形态展现。立体形态构成的抽象性体现在造型创作的思路上，特别强调形态外观带来的艺术美，而不拘泥于客观描述。但抽象构成并不排斥借鉴具象形态的造型手法，自然环境中许多具象形态都成为抽象造型的启示，最终使抽象的概念经过设计构思形成具象的构成形态（图 5-5）。

系统性对于立体形态构成具有重要作用。由于立体形态的构成表现并非单一造型，它涉及结构力学、材料特性、加工技术等诸多因素影响。同一形态，不同特性的材料和造型方法产生的效果也不尽相同。为此，对于立体形态构成的创作，务必从系统性出发，并进行顶层设计，以保障最终构成形态的理想效果。

图5-4 景观空间中的“构成”与设计

图5-5 拙政园中的“抽象构成”

5.2 平面到立体

5.2.1 从“点”到“线”的空间演变

点是构成元素中最基础的形态，是存在于二维空间构成中的重要元素。从几何意义上来讲，线是点的移动轨迹，线只有长度，没有宽度和厚度；从构成意义上来讲，线具有位置、长度和一定宽度。从二维空间到三维空间的转变，点开始有了体积，经过运动和变化，二维空间的“点”变化成“线体”（图 5-6）。线体有了位置、宽度，具有了方向性特点。线体的特征使其在空间上成为形态构成的三维元素，经过空间演变，线体的构成继承了二维空间中线的构成方法（直线、曲线、连续、发散等）；同时开启单元空间的构成方法。从平面到立体的演变过程，是空间想象力的发挥。立体构成是在二维空间的平面构成基础上进行的延伸与创新，掌握形态元素的演变方法是基础的训练要素。

5.2.2 从“线”到“面”的空间演变

平面构成中的“面”是线的运动轨迹，而面也是立体构成中基础的形态元素。立体构成是三维空间的形态构成，线的运动是在三维空间中的运动。根据上文所述，三维空间中“点”经过运用变化成“线体”，立体构成中的“面”则是线体的运动轨迹（图 5-7）。“线体”的运动将变成“面体”，此处应该注意，三维空间中线体的运动轨迹是有限度的，运动距离过长，线体就变成了“块”。因此，在“长、高、深”三个方向变化当中，一个方向的尺寸应该小于其他两个方向的尺寸。“面体”是立体构成中第二基础形态元素，对于立体构成的空间法则营造有重要作用。

5.2.3 从“面”到“体”的空间演变

立体空间的“体”是运动和静止两种状态下形成的。据前文所述，线体、面体、块是在运动方向上有一个量的差异，当线体中一个方向维度的量增加，就会变成“块体”（图 5-8）。同样，三

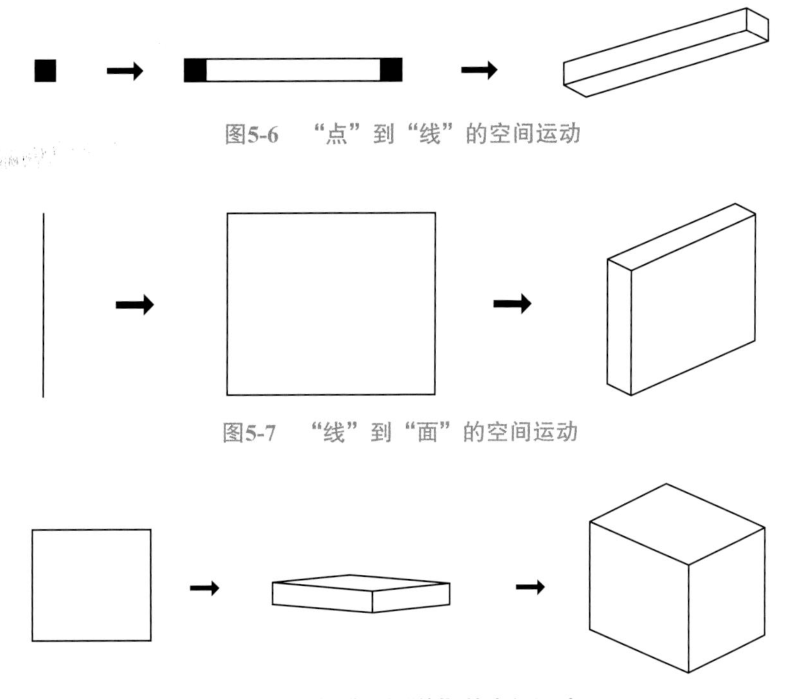

图5-6 “点”到“线”的空间运动

图5-7 “线”到“面”的空间运动

图5-8 “面”到“体”的空间运动

维空间中"面"的运动在没有维度限制的情况下也会变成块体，块体的维度在三个方向上的尺度和比例随着运动轨迹发生变化。抛开运动状态，在静止状态下，三维空间内三个维度构成的物质形态即是"体"。体是立体构成中出现最多的基本形态元素，在立体构成的空间中一切物质形态的呈现皆为体（图 5-9）。

5.2.4 从平面到立体的思维转换

从平面到立体的转换是二维空间到三维空间的造型思维转换，是造型活动中创造性思维的客观规律性与主观目的性的相统一。二维空间的造型思维是改变平面元素的宽度、高度，转换到三维空间后增加了长度概念。为此，三维空间的造型方法由原来的加、减、重复、贴合、变形等方法增加了切割、弯曲、连接等立体形态构成法则。在平面向立体转换的过程中需要我们在脑海中建立抽象三维的立体空间概念，在"立体空间"中完成对物象形态的造型训练。这是一个"具象——抽象——具象"的过程，需要在大脑中建立空间想象力，打破二维平面的形态，通过不同角度的造型变化，形成从"平面"到"立体"的形态转化。例如，景观空间中的构筑物以"线体"造型呈现，在设计初期以"线"型在二维平面进行构思，随着空间的转换，逐步从平面的造型演变成立体造型（图 5-10）。

图5-9 "块"体在园林空间中运用（李晓斌）

图5-10 流动"线体"在园林空间中的运用（王程胜）

5.3 立体形态构成的表现形式

5.3.1 半立体构成

半立体构成又称 2.5D 构成，半立体构成是二维空间到三维空间的过渡形态。主要的构成形式是通过对平面材料的折叠、切割、拼接等方法突破二维空间，产生立体形态。半立体构成是在二维平面上增加“厚度”概念（图 5-11），从而转换到三维空间的构成设计；是从整体到局部，从单元到组合形态的造型过程。半立体构成作品中最常用的材料是纸。关于纸的半立体构成处理方法有以下几种：

（1）折叠

折叠是针对可塑性材料而改变形态的造型方法。在半立体构成中，通过折叠的方法改变纸材料“生成”立体结构，是半立体构成造型的一种常见方法。折叠可以使纸形成水平或垂直的立体造型，展现半立体构成的具象形态。折叠的方法主要有：单次折叠、多次折叠、组合折叠；折叠的轨迹可以沿直线、曲线、不规则组合线段等。平面纸张经过折叠造型形成半立体状态，是平面到立体形态的过渡造型训练。半立体构成作品，如图 5-12 所示，这两项半立体构成作品使用折叠手法完成。材质选用单色卡纸，通过设计曲线、

图5-11　梯田中“线体”形成的聚集构成

图5-12　半立体构成中的“折叠”法

直线和折线折痕，并沿折痕进行多次折叠，使纸张在高度上产生造型变化，构成半立体形态。

（2）切割

切割也是半立体构成中的常用方法之一，切割是一种夸张且破坏材料表面张力的造型方法。切割可适用于多种材料的塑造，如纸张、木板、金属薄片、塑料薄片等。切割的造型方法须用于质地较软的材料，通过对材料不同位置的切割，便于改变材料的基础形态，为立体形态建立结构基础。切割可以结合折叠的方法，使材料的立体形态更加丰富，造型过程多样化，完成多元形态的半立体构成作品。

（3）弯曲

弯曲造型方法是一种学习自然认知的经验。大自然的形态千奇百怪，人类经过总结，凝练出基本形与造型规律。弯曲是一种从物理结构出发改变形态构成的方法，结合材料特性，弯曲可以改变面体、线体、块体的基本形态，在不改变具象物体属性的情况下完成半立体构成造型。经过弯曲造型后的半立体构成作品给人以自然、柔和的心理感受。在构成作品（图 5-13）中，通过弯曲纸面改变造型形态，达到从平面到半立体的演变，运用卡纸的材料属性，将设计好的造型形式

图5-13 “弯曲”造型在半立体构成作品中的运用

通过弯曲的方法来呈现，并结合折叠、切割的手法达到弯曲的造型效果。

（4）组合

组合是半立体构成的重要方法，一种多形式构成变化的机能性表现。在掌握上述三种方法之后，将其进行有机结合，运用形式美法则来完成综合性半立体构成训练，这样既可以一个单元，也可以有主题性、系列性的形态构成呈现，最终形成一个半立体构成的综合表现。

5.3.2 板式构成

板式构成是将三维空间的面体采用构成法则进行造型变化，板式构成与半立体构成相比更注重空间性的表现。板式构成延用了半立体构成的造型手段，采用折叠、凹凸、拼接、剪裁等方法将平面材料进行空间造型处理。

板式构成形态是半立体构成形态的进化，也是完成平面到立体构成过渡的结果导向。在板式构成的造型方面分为两个步骤：①对面材进行基础造型，采用切割、折叠、拼接等方法进行初步设计；②在保持基本结构的前提下，进行二次形态改变，完成厚度上的设计。板式结构是从二维空间的“面”到三维空间“面体”转化，在形态构成上继承了平面构成的形式法则与审美特点，融合了立体构成使用的材质与思维意识。如作品图 5-14 所示，这项作品沿用卡纸材质，在表面采用切割和折叠的方法设计造型，并通过提升厚度塑造立体形态，达成板式构成的设计。

5.3.3 柱式构成

柱式构成是三维空间中线体造型形态的进一步演变，柱式的结构给人以硬朗和简洁的感觉，是立体构成中较为基础的造型形态。从柱式构成开始正式进入立体构成三维构成形式，造型方法可从两方面出发：一是将柱体直接作为构成造型，进行整体设计；二是将柱体解构，分为柱头、柱身、柱底三部分，通过对各部分“面体”及“线体”的设计，形成完整丰富的柱式构成形态。

柱体的造型通过面体材料的弯曲、折叠形成

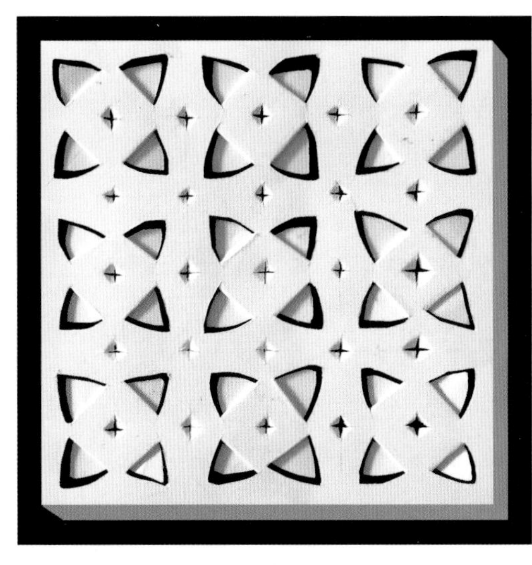

图5-14　板式构成

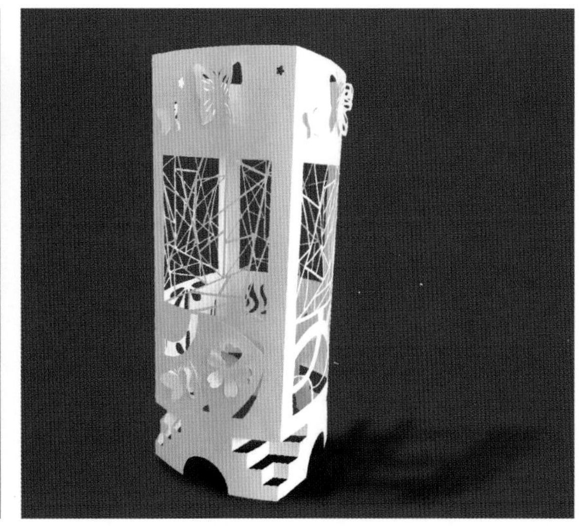

图5-15　柱式构成

柱式结构。基础造型有圆柱体、多棱柱体，综合造型包含基本形态的组合、拼接、错位以及不规则构成形态。在柱式造型过程中，要注意把控材质的特性，如纸质造型，可充分发挥纸张的特性，通过剪切、弯曲、折叠等构成方法创作柱式构成的形态。

（1）柱顶造型

以圆柱体为例，圆柱的柱顶是圆的平面，在圆柱的平面顶端进行切割、折叠等造型方法，可使柱顶造型产生凹凸、破坏、变形变化，还可以通过加、减方法进行立体造型。

（2）柱体造型

柱体的造型丰富多样，我们可以把柱体理解为“线体”的放大形态。柱体的造型可以保持平整的表面（如圆柱、正方体、三棱柱），也可以直接进行改造，并与柱顶与柱底搭配造型；还可以进行添加、拼接以改变结构，使立体形态的造型更加多样。如图 5-15 所示，是一副用卡纸材料制作的柱式构成作品，作品以长方体为基本形，设计从系统出发，将柱头和柱底部分用镂空形态表现。构成的造型重点放在柱身的四面，四个面的造型采用切割、折叠及弯曲手法，将蝴蝶形态与抽象设计相结合，注重使用艺术造型审美，塑造出饱含形式美法则的柱式构成作品。柱式构成常用于环境设计中，如园林设计中的柱式雕塑、柱体装置以及柱式造型的空间设计（图 5-16）。

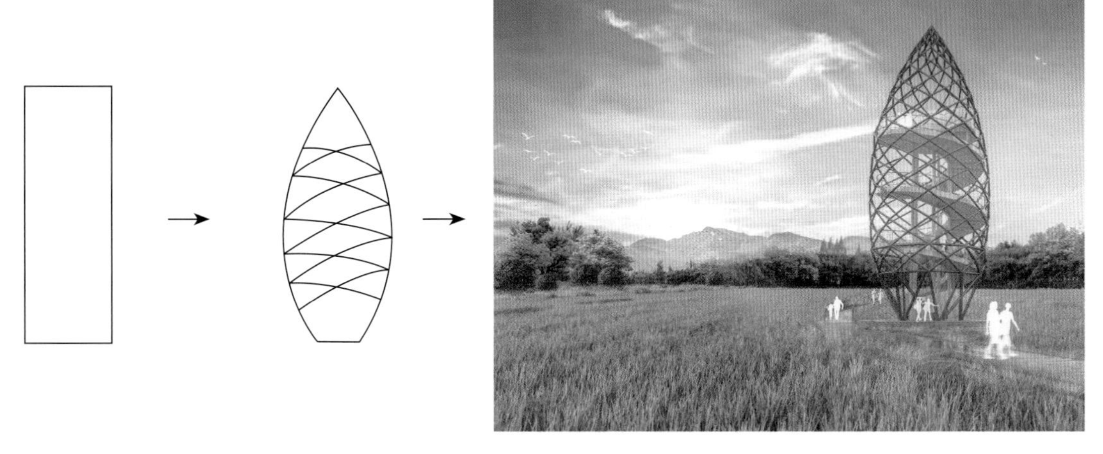

图5-16　稻田景观监测站（李昕远）

5.3.4 聚集构成

聚集构成是将三维空间中的基础元素通过构成法则塑造的复杂的造型形态。按照设计者主观意愿设计形成规律的聚、散关系形态。聚集构成延续平面构成形式法则——重复、渐变、发散、对比等技法，在三维空间中进行主观地组织。在聚集构成中要注重单元与群体的关系，在布局中要从整体出发，把握单元造型与组合形态的构成关系。

聚集构成以一个基本形的重复过程形成聚集形态。聚集构成的方法有重叠、拼接、相切、分割、排列组合等，构成规律必须依据组织结构完成造型设计。例如，图 5-17 利用线体具有的方向性，设计组合排列及方向引导，将柱体单元通过有秩序的“重复”打造成聚体形态。

（1）单元组合

以单个基本造型形态进行规律组合，形成单元形态的组合造型。

（2）渐变构成

在三维空间中以视觉识别为基准点，通过大小、色彩、数量的逐渐加、减造型改变，形成渐变构成的立体形态。

（3）组合演变

通过发散思维，设计一种形态的造型规律，将两个以上基本形沿设计好的造型规律进行组合式的演变，形成立体形态的组合演变。

（4）特异聚集

特异是平面构成中的造型手法，在三维空间中仍可使用此方法。通过在模块式造型组合中加入特异形态，形成特异的聚集形态。

5.3.5 仿生构成

仿生构成也是立体构成中较为复杂的构成形态，仿生构成是指利用“线体”“面体”“块体”通过造型手法再现现实世界的物象形态。仿生构成可分为具象和抽象两种形态，具象仿生构成是对自然界中各种复杂形态的模拟造型训练，探究构成的造型方法与不同类型材质结合的表现形态；抽象的仿生构成是将自然界中的复杂形态进行取样，通过立体构成形态造型方法，创造脱离其原本表象的造型形态。例如，借助自然界中动物的基本造型来设计完成动物形态的座椅，就是一种仿生构成设计。在构成作品中，以动物的造型结构为基本形态进行材质替换是常见的仿生构成形式，采用拼接、组合的手法结合塑料、金属等材质表现生动的构成形态。

（1）形态仿生

人类的智慧擅长将自然中复杂的形态进行抽象概括，形成易于记录和复制的符号、图像。格式塔心理学研究表明：人们的知觉有一种“简化”的倾向，所谓“简化”并非仅指物体中包含的成分少或成分与成分之间的关系简单，而是一种将任何情绪刺激以尽可能简单的形式组织起来的意识倾向。通过这种简化的方法，人类在工业化进程中将自然中的形态进行提取，模仿其造型形态，创造出适用于人类社会的工业产品，如具有装饰性的立体构成作品（图 5-18）。

（2）结构仿生

结构仿生是将模仿样本的形态结构进行提取，通过更换材质，改变外观形态进行重新造型。结构仿生是发挥原样本结构价值的造型体验。例如，

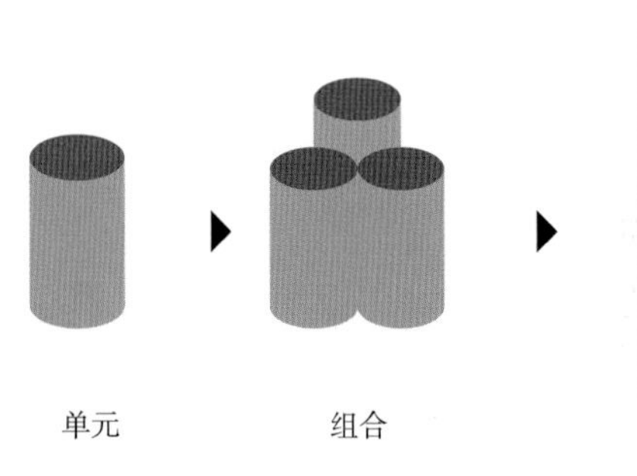

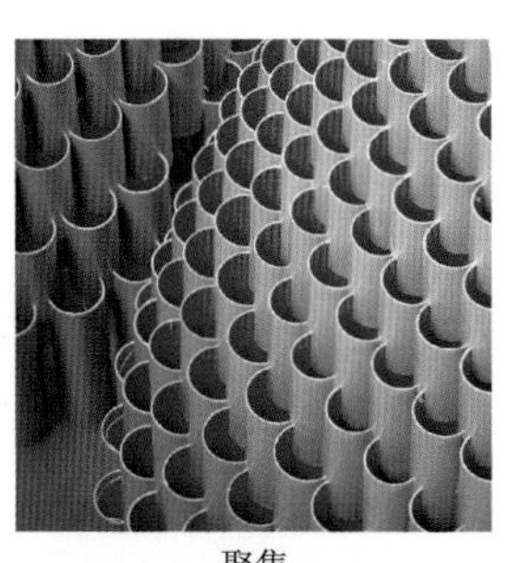

图5-17 聚集构成

图5-18　仿生构成作品（孙文君）

图5-19　故宫辇道

北京国家体育场是提取鸟巢的结构造型，运用现代材料与特殊工艺进行建筑设计，打造出的北京奥运地标建筑。

5.4　风景园林中立体形态构成的应用

5.4.1　风景园林中半立体构成的应用

在风景园林设计中，所有的元素设计都依附于三维空间中，半立体形态呈现的是造景元素在高度或厚度上的起伏变化。半立体构成的设计可见于空间细部造型，也可见于大体量的空间构成设计；风景园林中常见的半立体构成形态有浮雕、金属装置、特殊建筑材质墙、半立体浮雕等，如中国古典园林中浮雕的应用、故宫辇道（图 5-19），通过浮雕来强调空间文化造型语言，激活园林空间文化属性，协调并连接文化元素与空间设计的关系。此外，在风景园林设计中空间形式上的造型也需要半立体构成形态调和，大尺度的空间设计是从平面到立体的过程，是从二维设计到三维设计的思考过程。为此，在大开大合的空间设计中，一些具有高度起伏的形态能用于保持空间尺度上的均衡，划分出功能区域。

5.4.2　风景园林中板式构成的应用

在风景园林设计中，板式构成的形态设计运用广泛，常见于景观墙及户外装置等。景观墙的设计可理解为在空间环境中的一次板式构成设计，需要从空间概念出发，考虑材质、尺度、形态的表现与空间环境的关系。景观墙的造型要突显特色，可以利用景观墙的“面体”结构，采用连续的构成手法，打破单一的立面设计，创造单元重复的构成形态，给予空间体验的视觉美感。重叠组合是现代景观墙体设计中的常用方法。例如，将书籍的基本形态进行重叠的造型设计，在空间上产生虚实对比，视觉上产生明暗层次，形成和谐、有秩序的形态美（图 5-20）。

5.4.3 风景园林中柱式构成的应用

在风景园林空间设计中，立体形态是造型元素在水平和垂直方向上同时进行的元素组织与形态构成，主要表现在不同高度的基面对空间进行的造景结果。柱式构成在风景园林空间中的表现主要以雕塑和立柱为主，以空间中客观形态垂直高度的延伸为基本的造型表现，通过对柱头、柱身、柱底等不同部位的造型设计来契合空间氛围，如广场的石雕文化柱，纪念性立柱等。

5.4.4 风景园林中聚集构成的应用

在风景园林设计中，一些规律的空间设计、造景设计及形态设计都具有聚集构成的特征，而一项完整的空间布局是由单元空间的组合设计而成。空间中的植物群落、小品空间、硬质景观组合等，属于整体空间中的“单元”形态，将“单元”形态进行连续、组合、解构、统一等设计营造，使用聚集构成法则，形成完整的空间设计。

例如，伦敦高线公园（图 5-21）中的植物造型、观光木质道路作为景观空间中的构筑元素，在组织架构上遵循对比与统一的构成设计法则，以曲线造型为单元在空间中进行聚集式重复，形成具有现代主义流线美感的空间设计。

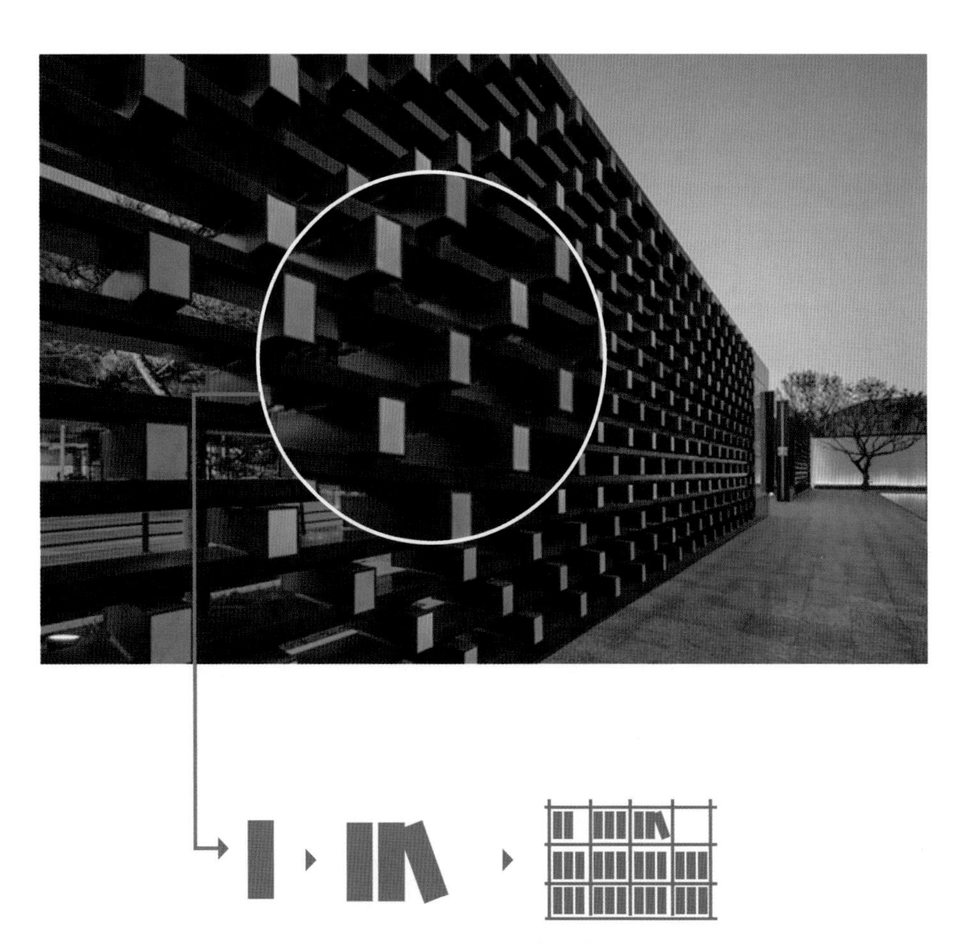

图5-20 现代景墙设计

图5-21 伦敦高线公园

5.4.5 风景园林中仿生构成的应用

在风景园林中我们常看到仿生构成的设计运用主要集中在两方面，一方面是对自然环境的形态和结构进行的模仿利用；另一方面是对宇宙中一切物质形态的精神利用。

从形态的造型出发，仿生构成大量运用在雕塑、装置及建筑表面。在风景园林空间中，雕塑是空间小品构成的重要元素，雕塑的形态常模仿动物的造型。鲸鱼尾造型雕塑作品（图5-22），采用铁丝、钢筋等材质模仿鲸鱼在海洋中遨游时，尾部露出海面的造型。鲸鱼尾造型雕塑与海面形成对比，提升景观体验的氛围感。此外，人体、自然中的植物等形象的仿生也是园林空间中常用的形态，利用线、面等基础元素模仿个体形态的造型，从而增加空间体验的生动性（图5-23）。

图5-22 鲸鱼尾装置

图5-23　植物“仿生构成”景观（王程胜）

思考题

1. 立体形态构成的表现形式有哪些？在生活中是如何表现的？

2. 风景园林空间中运用立体构成原理的设计形态有哪些？分析其构成方法。

第6章 线、面、块构成

线体、面体、块体是空间构成的基本元素，所有的空间构成形态都是由线体、面体、块体所构成，并形成复杂的形体结构和丰富的空间形态。本章将介绍线体、面体、块体的特征、类型和设计方法，以及线体、面体、块体在风景园林设计中的应用等内容。

6.1 空间构成中的线、面、块

6.1.1 空间构成中线、面、块的关系

线、面、块是一种三维空间中的立体形态，其相互依存，形成重要的构成关系。每个物体的形态都是由线、面、块组合而成的，一般来说，线体主要强调方向和长度，是长度及形状的构成元素；面体由线体的移动轨迹所构成，主要强调形状和面积大小；块体一般由多个面体组合而成，主要强调形状和体积大小。

6.1.2 线、面、块在空间构成中的重要性

任何形体和空间构成都离不开线、面、块。它是空间构成设计中基本的构成元素，是设计的语言形式和设计表达的基本符号，是空间形态构成中不可或缺的组成部分，具有重要的作用和意义。线、面、块元素在空间构成设计表现中随处可见，再复杂的形体都是通过基本的线、面、块元素与多种不同的构成方法相结合，才能塑造出空间构成中各种复杂的形体和空间形态，才使空间设计更具有创造性。

6.2 线体的空间构成

6.2.1 线体的主要特征

在平面空间中，平面的线是由点移动的轨迹所形成，平面的线有长度、有位置，无厚度和宽度。而在三维空间维度中，线体不仅有长度和位置，而且有宽度和深度，它是平面中的线和面的加厚，其长、高、深三个维度中的一个维度远远大于另外两个维度。线体具有较为明确的方向和空间长度，因此时常给人以指向性和张力、流动的变化美感。

线体的性质特征有可度性、聚散性、虚面性和速度性等。

①线体的可度性　是指线体具有尺度度量的特性，是可以对其进行准确度量长度、宽度和高度距离的。

②线体的聚散性　是指当线体进行不同方向和间隔的疏密排列，可产生密不透风、疏可跑马的聚散关系，当若干线体从一点进行发散，放射的线体间距越近则线体越密集，当放射的线体间距越远则线体越稀疏。

③线体的虚面性　是指将若干线体进行整齐密集的排列，就可以形成虚面面体的效果，线体之间的间距越小，线体的数目越多，线越密，则形成的虚面面体的效果就会越强烈；反之，线体的间距越大，则线体的数目越少，线越疏，形成的虚面面体效果就会越弱。

④线体的速度性　是指线体对速度有很强的表现力，在物体运动的轨迹后方用长短线进行表示，可以很好地表现出运动速度的效果。

6.2.2　空间构成中线体的主要类型

空间构成中的线体主要有直线线体、曲线线体、直线线体与曲线线体、自由线体等类型。可用于空间构成线体的材料繁多，大致可分为硬性线体材料和软性线体材料两种主要类型。生活中最常用的硬性线体材料主要有木棍、竹子、塑料等硬性线体材料，硬性线体材料本身强度比较高，不易变形、方便切割，可用作直线的表达；常用软性线体材料主要有鱼线、棉线、丝线、毛线、麻线等非金属材质的软性线体材料，以及铜线、铝线等金属材质的软性线体材料，软性线体材料容易变形，可进行拉伸、弯曲、打结、缠绕等比较随意的变化。

图6-1　《行走的云》

6.2.3　线体空间构成的设计方法

在进行线体空间构成创作时要充分考虑线体与空间的比重关系，尤其是要注意线体与线体之间的空隙间隔，这种间隔的疏密聚散关系可以形成节奏和韵律的美感变化。线体的间隔和分层排列可以使空间构成具有非常丰富的层次关系，可以使作品具有更强的伸展感和层次感。

线体空间构成方法主要有垒积构造法、框架构造法、自由形态构造法、线层构造法等。

（1）垒积构造法

垒积构造法是指将线体材料进行叠加，以垒积的形式构造空间形态的构成设计方法。如郑州雕塑公园设计作品《行走的云》（图 6-1），将线体材料运用垒积构造法进行间隔排列，分层叠加组合起来，以垒积的形式构成复杂的空间形体，进而创作出垒积构造法的作品。

（2）框架构造法

框架构造法是指用硬质的线体材料制成基础框架，基本框架呈立体形态，可以根据造型需要加以变化的空间构成设计方法。如郑州雕塑公园设计作品《时光列车》（图 6-2），将线体材料运用框架构造法制成一定造型的立体形态，在完成基本框架的基础上，根据造型需要增加线体，丰富造型结构，进而创作出框架构造法的作品。

（3）自由形态构造法

自由形态构造法是指运用线材本身的自由形态为构成单位进行组合，形成自由空间形态的构成设计方法。如郑州雕塑公园设计作品《生命之树》（图 6-3），以线体材料为构成单位进行自由形态扭曲变化组合，形成丰富的空间形态，进而创作出自由形态构造法的作品。

图6-2 《时光列车》

图6-3 《生命之树》

（4）线层构造法

线层构造法是指用简单的直线线体依据一定的美学法则，如重复或渐变，做有秩序的单面排列或多面透叠曲面的空间构成设计方法。

线体在风景园林空间构成中主要起到框架支撑和脉络链接的作用，主要表现形式为边界线、轴线以及交通道路线等。

①在风景园林景观设计中，边界线的表现常以植物进行围合形成边界，来营造环境空间，如草坪、绿篱、花坛、花境的边界线，常与乔木进行搭配，来营造围合环境空间。从而形成安静、清幽的环境氛围。这种边界线在景观环境当中有直线的形式也有曲线的形式，直线的形式大多存在于威严庄重的规则式皇家园林景观中，曲线的形式大多存在于曲径通幽的自然式古典园林景观中（图6-4）。

图6-4 边界线

②轴线常出现在对称式的风景园林景观设计当中，对称的园林景观常给人庄严，整齐肃穆的感受。在园林景观设计中轴线的运用应当结合场地环境，尊重自然，因地制宜。景观轴线串联各个独立的节点，是整体方案设计的骨架，并且指引人们视线，沿着轴线的方向，可以看到设计师精心布局的空间，强调游人在空间中的体验，使轴线在景观环境设计中符合景观设计的要求（图6-5）。

③交通道路线是风景园林景观设计必不可少

图6-5 轴线

图6-6 交通道路线

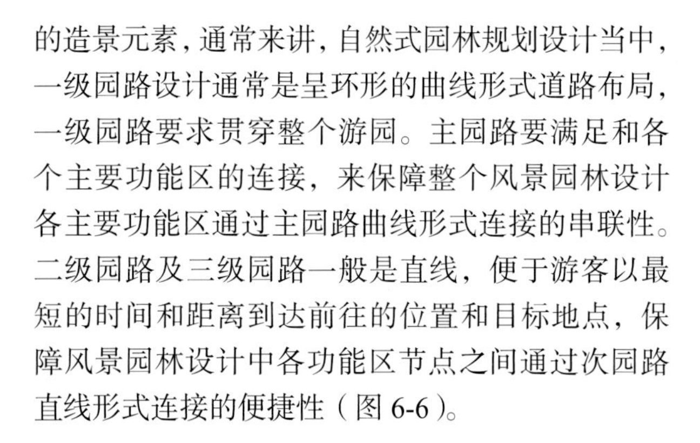

的造景元素，通常来讲，自然式园林规划设计当中，一级园路设计通常是呈环形的曲线形式道路布局，一级园路要求贯穿整个游园。主园路要满足和各个主要功能区的连接，来保障整个风景园林设计各主要功能区通过主园路曲线形式连接的串联性。二级园路及三级园路一般是直线，便于游客以最短的时间和距离到达前往的位置和目标地点，保障风景园林设计中各功能区节点之间通过次园路直线形式连接的便捷性（图 6-6）。

6.3 面体的空间构成

6.3.1 面体的主要特征

在平面空间中，平面的面是由线移动的轨迹所形成，而在立体空间中，立体的面是平面的面按照一定规律移动形成。但是，这种移动是有限度的，只有将面进行很短距离移动时才能称为面体，如果移动的距离过长，就变成了块体。也就是说，在具有长、高、深三个维度的立体空间中，当有两个维度的尺寸远远大于另一个维度尺寸的时候，才能称为面体。

面体具有很多的性质特征，大致可分为空间性、定位性、指向性、影调性和图底反转性。

①面体的空间性　是指多个面体进行前后分布排列或左右并列排列，进而产生空间感。图 6-7 为陈列在北京国际雕塑公园的作品《头》，将人的侧面做成面体，并重复排列，大脑的位置又出现一个相同形象，排列手法也类似，形成较好的空间结构。

②面体的定位性　是指在一定情况下，面体可以具有类似点一样的定位特征，点与面的区别在于面积的大小，点与面是相对而言的，在一个固定的平面面积当中，当点的大小超过了一定的面积时就变成了相对的面，所以在一定情况下，面也就具备了点的定位性特征。

③面体的指向性　是指面体具有指示方向的特征，通常在指示方向时，多数都是运用面体来进行指示的，线与面的区分可根据面积的大小变化来进行相互转换。

④面体的影调性　是指在造型艺术中，当进行投影表达时，通常都会将线进行整齐密集的排列使其形成虚面，运用虚面来表现造型艺术中的阴影关系，就是面体的影调性特征。

⑤面体的图底反转性　是指当一个形态的面体形成时，这个面体和底面面体形成不同形状的两个面体或者多个面体。图与底的关系在平面上又称正形与负形、定形或无定形，这种关系称为面体的图底反转特征。

6.3.2　空间构成中面体的主要类型

空间构成中面体的主要类型有限定性的面体和非限定性的面体，限定性的面体和非限定性的面体两者之间既有联系又有区别。

①限定性的面体　具有重复规律，主要包括几何形面体和有机形面体。几何形面体是指由直线、曲线、折线，以及以上几种形式组合进行移动所形成。有机性面体是指那些可以预测和重复，但不能用数学方法来进行表现的面体。

②非限定性的面体　一般都不受制于创作者的意识控制，是不可重复制作的面体。非限定性面体的产生具有随机性，非限定性的面体包括偶然形面体和不规则形面体。偶然形面体是指像泼彩那样，随机自然形成的无法控制其效果的面形。在将颜料泼出去的瞬间，只能把控住颜料泼出去的力量和方向，最后泼出去所形成的效果则是无法掌控的，最终产生的效果具有随机性和偶然性，每一次的结果都是无法预料的，具有独一无二的效果。不规则形面体，是指那种结果不能够重复制作，但过程能够进行适当控制和计划的面体。

随着科技进步和工业技术的成熟，面体材料得到了日新月异的发展，立体空间构成可以运用的面体材料也更加丰富多样，面体材料的多样化选择也使得面体在空间构成设计中的地位越发重要。生活中比较常见的面体材料（如纸板、木板、亚克力板等）都是面体空间构成中常用的面体材料。

图6-7　《头》

6.3.3　面体空间构成的设计方法

面体空间构成的设计方法主要有拼贴构成法、板式构成法、分解重构法、插接构成法等。

（1）拼贴构成法

拼贴构成法是指由点、线、面的设计符号拼贴成立体的空间形态。如在郑州雕塑公园设计作品《较量》（图6-8）中，用“面”形态来表现人物，运用拼贴构成法进行拼贴组合，将面体拼贴组合成立体的空间形态。

（2）板式构成法

板式构成法是指由面材折叠连接形成空间形态，通过面的折叠来增加层次感。如北京国际雕塑公园设计作品《伊甸园》（图6-9），将面体材料折叠拼接形成丰富的空间形态，运用板式构成法

图6-8　《较量》

图6-9　《伊甸园》

形成空间设计作品。

（3）分解重构法

分解重构法是指将面材进行分割分解之后，再重新进行重构组合在一起，从而形成另外的立体空间构成形态。如在北京国际雕塑公园设计作品《过天桥》（图6-10）中，运用分解重构法将人物形体从蓝色面材中进行分割分解，然后将分割出的人物形体进行空间错位组合，与之前的蓝色面材一起进行重构，形成另外的立体空间形态。

（4）插接构成法

插接构成法是指将面材进行切割之后再插接组合在一起，从而形成一个稳固的立体空间形态。在上海世博园中，运用插接构成法设计创作作品《活力城市》（图6-11），将不锈钢材质的面材进行

图6-10 《过天桥》

图6-11 《活力城市》

图6-12　水面

图6-13　地面铺装面

插接组合，形成一个整体结实牢固的空间形体。

面体在风景园林空间构成中具有非常重要的组织形式，在园林景观营造中，面的形态和形式也是多种多样的，面既可以起到丰富空间层次关系的作用，又能起到深度强化设计主题的作用，面在园林景观设计当中要注意主次之分，在风景园林景观设计中要满足统一性原则，在景观的营造中要注重统一协调的原则，通过面在设计中的排布组合，充分满足设计空间的有序性和合理性。风景园林景观设计中的空间营造多以地面和垂直方向上的平面来进行构建，面在风景园林景观设计中主要表现为水池壁面及水面（图 6-12）、地面铺装面（图 6-13）、建筑以及构筑物的墙面和顶面等。

6.4　块体的空间构成

6.4.1　块体的主要特征

在三维空间维度中，块体可理解为由面体围合而成，其长、高、深三个维度之间的尺度和比例都比较接近。但在实际操作中，应注意把握好其三个维度的限度，避免其中一个维度过短，更趋向于面体；或者其中一个维度过长，更趋于线体。块体是三维立体封闭空间的形体，形体大而厚的块体给人以充实、稳重、稳定的感觉，形体小而薄的块体则给人以漂浮、轻盈、轻巧的感觉。

6.4.2　空间构成中块体的主要类型

空间构成中块体的类型大致可分为几何平面型块体、几何曲面型块体、自由曲面型块体。每种类型的块体都具有不同的特性，在空间构成中都具有非常重要的功能和作用。

①几何平面型块体　是指多个平面围合而成的封闭空间体块，其表面都是由几何形平面组成的。如三角锥体、长方体、六棱柱体等，几何平面型块体给人以简洁、庄重、沉稳的感受。

②几何曲面型块体　是指由几何曲面所构成的封闭空间体块，其表面大部分为几何曲面围合而成，节奏韵律感强。如球体、圆柱体、圆锥体等，

几何曲面型块体给人以秩序、理性、优雅的感受。

③自由曲面型块体　是指由自由曲面所构成的封闭空间体块，其表面大部分为自由曲面围合而成。如水杯、酒瓶、饮料瓶等，这种造型的物体大多数比较对称，自由曲面型块体能够给人以优美、活泼的感受。

块体空间构成的材料极其多样，木块、石块、泡沫块、石膏块、橡皮泥、塑料、树脂、玻璃、陶瓷、毛线团、乒乓球、造型优美的盒子等都可以作为块体空间构成设计的材料。像金属材料也可以使用，由于其具有金属光泽显得更加美观，视觉效果更好。在进行块体空间构成设计时可以发挥设计者丰富的想象，不拘泥于某一种或者几种材料，多进行新型材料的运用，有时可以取得意想不到的效果。

6.4.3　块体空间构成的设计方法

块体空间构成的设计方法主要有几何式切割构成法、自由式切割构成法、相似性集聚构成法、对比性集聚构成法等创作构成方法。

（1）几何式切割构成法

块体的几何式切割构成法是在切割的形式上注重切割的方向、大小、转折面的切割变化，切割面会形成一定的秩序和规律。图6-14为郑州雕塑公园作品《生命的署名》，作品将块体材料进行几何式切割，产生一定的韵律美感。

（2）自由式切割构成法

块体的自由式切割没有特定的秩序和节奏。自由式切割构成法所切割出来的物体随机性和偶然性比较大，是完全凭感觉随机进行的切割构成，使块体的空间结构产生丰富的变化，强调视觉上的动感和韵律。在郑州雕塑公园中，作品《河曲》（图6-15），将块体材料进行自由式切割，使块体内部空间结构发生不规则的变化，形成新的空间形态，从而创作出自由式切割构成法构成的设计作品。

图6-14　《生命的署名》

图6-15 《河曲》

图6-16 《聚散》

图6-17 《城市容量》

（3）相似性集聚构成法

块体的相似性集聚构成法是指运用多个相同或者相似形体通过集聚组合形成新的空间形态。图 6-16 为陈列在北京国际雕塑公园中的作品《聚散》，运用相似性集聚构成法将相同和相似形体的块体材料，通过形体的位置变化和重复组合构成新的空间形态。

（4）对比性集聚构成法

块体的对比性集聚构成法是指通过块体间不同的形态、材质、色彩的对比，集聚组合构成新的空间形态的空间构成方法。图 6-17 为陈列在静安雕塑公园的雕塑作品《城市容量》，运用对比性集聚构成法将不同形态的块体材料进行对比，集聚组合构成新的空间形态。

块体作为风景园林景观设计中重要的设计语言和组织形式，在风景园林景观设计中，通过各种不同的形体造型、丰富的肌理材质和五彩斑斓的颜色运用，可以组合形成风景园林景观中各种类型和造型的物体，风景园林景观中物体的形态极其丰富，功能各异。块体是由多个面围合形成的空间，像游园游客中心、展览馆、卫生间等大体量的建筑形体一般可围合成封闭性空间，具有私密性。而像亭子、廊架这类的构筑物可形成半开放空间，具有半私密性。像景观雕塑小品、景观墙、景观柱等景观小品，具有观赏性，块体在风景园林景观设计中主要表现为亭子、廊架（图6-18）、建筑（图6-19）、景观墙、雕塑小品、景观桌椅、垃圾箱等建筑物、构筑物或景观设施小品。

图6-18　廊架

图6-19　建筑

6.5 风景园林中的线、面、块构成应用

在风景园林中，线体、面体、块体的三维空间构成应用随处可见，将园林景观功能与构成形式相结合，可以构成各种类型的形体。如位于陕西杨凌的教稼园，整体是在农神后稷教民稼穑的遗址上，采用覆土的方式设计完成，园区入口以景观轴线进行线性贯穿，加上园区内交通道路路网，均形成线状特性。入口轴线两侧的景观灯柱，以及入口建筑顶部线性造型轮廓，物体的边界线等，以线体的形式来组织构成；而大面积铺装、建筑墙面，以及园区内大面积草坪和水面等，均以面体的形态来进行组织构成；其后稷主题雕塑、台阶、景观墙以及园区内的亭子、廊架等建筑物和构筑物，以及园区内的园林小品和设施等，大都以块体的形态作用表现出来（图 6-20）。

风景园林景观中以线体、面体、块体构成的景观形式丰富多样，如图 6-21 所示，图中水池、

图6-20　线面块在教稼园中的应用

图6-21　风景园林景观线面块构成应用（1）

图6-22　风景园林景观线面块构成应用（2）

图6-23　风景园林景观线面块构成应用（3）

种植池边界线，远处连廊结构线，树枝树干形体线均是以线体构成的形式呈现，大面积的水面、草坪、铺装主要以面体构成的形式呈现，灌木球、绿篱主要以块体构成的形式呈现。如图 6-22 所示，图中地面圆形石头铺装、大面积的草坪主要以面体构成的形式呈现，乔木、灌木、石头主要以块体构成的形式呈现。如图 6-23 所示，图中亭子的柱子、栏杆、建筑顶部的房檐等结构线和轮廓线，主要是以线体构成的形式呈现，水面、墙面、门洞和窗洞等，主要以面体构成的形式呈现，石头、整体建筑、乔木和灌木植物，主要以块体构成的形式呈现。

6.5.1 风景园林中线体构成的应用

线体在风景园林中应用广泛，主要以廊架结构线、花架结构线、雕塑小品结构线等形体结构线以及园林景观主次轴线、道路交通线、边界轮廓线等形式进行体现，同时可看到线体的设计手法如垒积构造法、框架构造法、自由形态构造法、线层构造法等的应用。

如广东中山岐江公园景观方案设计（图 6-24），图中园林景观主要是以线体形式进行构成表现。场地中原有的构筑物龙门吊由线体框架构造法构建而成，粗大的线体钢材材料作为基础框架，基本框架呈立体形态，在整个基本框架基础上，通过一根根细钢筋线材建构出整体的空间形态。岐江公园火车铁轨两旁的“白柱”景观，以垒积构造法将一条条“白柱”均匀且密集地排列在火车轨道两边，一群“白柱”构成了丰富的空间形态，形成了独特的创意景观（图 6-25）。

图6-24 广东中山岐江公园线体构成的景观建筑

图6-25 广东中山岐江公园线体构成的风景园林景观

6.5.2 风景园林中面体构成的应用

在风景园林设计中，面体的运用要特别注意主次之分，面体在空间设计中排布组合，要遵从协调统一性原则，充分满足设计空间的有序性和合理性。面体的空间营造主要为水平方向上的平面和垂直方向上的立面，以及空间中的斜面来进行构建营造，像大面积的水面、草坪、地面铺装面、建筑物以及构筑物的屋顶平面和墙体立面等都是面体在风景园林中重要的表现形式。

苏州博物馆的外部空间（图 6-26）。图中景观建筑主要以面体的形式进行表现。墙面使用了面体拼贴构成法，由一块块的面体通过面的拼贴连接围合而成，以增加层次感，形成其建筑的整体造型；大面积的水面也以面体的形式进行体现，水面中形成建筑的倒影，水面建筑倒影与实体建筑形成了虚实变化效果。从建筑入口出来，隔水相望为入口建筑的对景，呈现在眼前的是一处具有中国山水画意境的风景园林景观，充分体现了面体的空间性，白色景观墙为底，前置层叠假山石，宛若明镜的水面，以板式构成法形成了具有丰富空间形态和极具意境美的风景园林山水景观（图 6-27）。

6.5.3 风景园林中块体构成的应用

在风景园林设计中，通过各种不同造型、材质和颜色的块体，运用其空间构成方法，由多个面体围合形成的空间形体，根据建筑物和构筑物的不同使用功能，可以围合成封闭性、半开放性、开放性等不同的空间围合类型。

陕西南泥湾党徽雕塑（图 6-28）。图中广场景观主要以块体的形式进行表现，这是一个体块感较强的雕塑小品，位于陕西延安市宝塔区南泥湾镇桃宝峪村的党徽广场上，整个党徽的大块体构成了雕塑主体。党徽雕塑选用金属材料，运用块体的自由式切割构成法，在进行块体切割时，根据党徽的造型形态，注重切割的方向、大小、深浅、转折面的切割变化，切割面根据党徽的造型形成一定的秩序和规律。

图6-26　苏州博物馆面体构成的景观建筑

图6-27　苏州博物馆面体构成的风景园林景观

图6-28　陕西南泥湾党徽雕塑

思考题

1. 线体、面体、块体立体空间构成的创作方法有哪些?

2. 试结合实际对线体、面体、块体空间构成应用的案例进行搜集和分析。

第7章 材料构成

随着现代科技的发展与进步，越来越多的先进技术应用到材料中，在设计构成中，人们可以通过视觉和触觉去感知物体表面的形态，从而形成审美感受。本章从材料的分类入手，讲述木材、金属、纺织、纸质、塑料、陶瓷、光材料以及新材料等不同材料媒介的特质、表现形式，以期感受不同材料带来的不同视觉感受、美感造型，拓宽材料在设计构成中的运用形式，了解不同材料在风景园林中的应用，体会材料与现代科技的有机融合。

7.1 材料的分类

风景园林材料来源广泛，组成多样，性质各异，作用和功能各异。为了方便应用，常按不同的分类标准进行分类。

（1）按材料来源分类

分为天然材料和人造材料（表7-1）。

（2）按主要用途分类

分为结构材料、围护材料、防水材料、地面材料、植物材料及其他特殊材料（表7-2）。

（3）按化学成分分类

分为无机材料、有机材料和复合材料三大类（表7-3）。其中，复合材料是指结合两种或两种以上不同有机、无机相的物质，以物理方式结合而成，撷取各组成成分的优点以构成需要的结构材料。它往往以一种材料为基体，另一种材料为增强体组合而成。

表7-1 天然材料与人造材料

类 型	种 类
天然材料	木材、竹材、草材、园林植物、糯米、血、石材、生土等
人造材料	砖、瓦、水泥、混凝土、沥青、光材料（如玻璃金属）、陶瓷、涂料、防水材料、彩画材料、人造石材、人造木材、塑料、合成纤维、合成橡胶管

表7-2 材料按主要用途分类

类 型	种 类
结构材料	灰土、砖、石、木材、钢材、水泥、混凝土、复合材料
围护材料	砖、砌块、板材
防水材料	柔性防水材料：防水卷材、防水薄膜、橡胶、塑料、陶瓷、石墨、铝、铅、不锈钢及复合材料等
	刚性防水材料：有机硅、聚氨酯防水涂料、聚合物砂浆、膨胀水泥、防水混凝土等
地面材料	水泥砂浆、大理石、水磨石、环氧树脂、瓷砖、木材、塑胶等
植物材料	乔木、灌木、藤蔓植物、草本花卉、地被植物及草坪植物等
其他特殊材料	FRP（纤维增强）复合材料、清水混凝土、PC砖等

表7-3 材料按化学成分分类

<table>
<tr><th colspan="3">类 型</th><th colspan="2">种 类</th></tr>
<tr><td rowspan="8">无机材料</td><td rowspan="2">金属材料</td><td>黑色金属</td><td colspan="2">钢、铁及其合金、合金钢、不锈钢等</td></tr>
<tr><td>有色金属</td><td colspan="2">铝、铜、铅及其合金等</td></tr>
<tr><td rowspan="6">非金属材料</td><td>天然石材</td><td colspan="2">砂、石及石材制品等</td></tr>
<tr><td>烧土制品</td><td colspan="2">砖、瓦、玻璃、陶瓷及其制品等</td></tr>
<tr><td rowspan="4">胶凝材料</td><td>气硬性胶凝材料</td><td>石灰、石膏、水玻璃等</td></tr>
<tr><td rowspan="3">水硬性胶凝材料</td><td>各种水泥</td></tr>
<tr><td>混凝土</td></tr>
<tr><td>砂浆</td></tr>
<tr><td rowspan="3">有机材料</td><td colspan="2">天然高分子材料</td><td colspan="2">木材、竹材、草材及其植物纤维制品</td></tr>
<tr><td colspan="2">合成高分子材料</td><td colspan="2">塑料、涂料、胶黏剂、合成橡胶等</td></tr>
<tr><td colspan="2">园林植物</td><td colspan="2">园林乔灌木、园林地被植物</td></tr>
</table>

7.2 木质材料

7.2.1 木质材料的概念

木质材料，又称木材，应该说是自人类产生以来最早使用的天然材料之一，人类先民就是用它燃起了文明之火。它取自天然的树木，是一个有生命的生物体，由树根、树干和树冠三部分构成。树根生长在土地中，以保持树木的直立，它的功能是从土壤中吸收水分和各种营养，促进树木的生长；树干是构成木材的主要部分，是木制工业产品的主要原料；树冠是树木的最上层部分，由树枝和树叶构成。

立体空间构成作为研究形态创作与造型设计的独立学科，其特点便是培养学生对立体造型的审美意识、空间意识、形态意识等方面的表现力，木材作为易于加工的常见材料，自然便是立体构成作品的优选材料之一，对空间中“线”“面”“块”三大元素均易于表现。

7.2.2 风景园林中木质材料的应用

自然生长的树木本身便是风景园林设计中最重要的构成要素之一，因其具有高低不一、形态各异、色彩多样等特点，且这些特点还会随着季节更替及时间流逝产生变化，使得风景园林呈现出多样的审美情趣。

在人造景观中，木质材料同样是十分重要的，可分为两种，一种是将形态各异的树木在园林空间中进行重组或修剪，将其安置于设计预想的空间点上任其生长；另一种则是取树木可用的部分进行加工再造，通过雕刻、粘接、拼组等形式，达到一定的美感预想，形成具有一定审美情趣的构成艺术品，如作品《No.1》（图 7-1），便是由碎片化的木块拼组而成，具有很强的装饰感。

在风景园林空间中，木质材料是被大量运用的材料，如常见的木制廊亭、桥面、牌匾等。需要注意的是，木质材料陈列于室外空间时，因易受到风化腐蚀等影响，需要选择质地细密且坚硬的材料，如椴木、樟木、花梨木、紫檀木等，且需做好防腐处理，一般的处理方式是在作品外表面涂刷清漆，透明的清漆既不会影响木材纹路的视觉效果，又起到了很好的保护作用。如徽派建筑中常见的门窗，便是由木材拼贴而成，且大量运用了雕刻艺术，达到了理想的构成艺术效果。

图7-1 学生作品《No.1》（冯景媛，指导教师张顺）

7.3 金属材料

金属是富有特殊光泽、不透明，且具有导电性、导热性、延展性的材料。一般分为黑色金属和有色金属两种，黑色金属如铁、锰、铬等，有色金属则为黑色金属以外所有金属的统称。

7.3.1 金属材料的发展历程

我国应用金属材料历史悠久。殷商时期（约公元前 1300—约前 1046 年），在生产工具、生活用具、武器等方面已大量使用青铜，如重达 832.84kg 的商后母戊鼎，不仅体积庞大，而且花纹精巧、造型美观，说明当时已有了较高超的金属铸造技术。我国还是最早使用铸铁的国家。公元前 770 年—前 476 年的春秋时期已出现了铸铁，特别是在战国后期，铸铁器的生产得到了迅速的发展，与国外相比，铸铁的生产比欧洲早了 1000 年。在热处理方面，西汉时就有“水与火合为粹”之说，东汉时则有“清水淬其锋”等有关热处理技术的记载，出土文物如西汉的刚剑、书刀等。总之，在使用金属材料的发展过程中，我国古代劳动人民表现出了极大的创造力，他们用自己的智慧为这门学科的发展作出了巨大的贡献。

7.3.2 风景园林中金属材料的应用

在风景园林设计中，因金属具有良好的铸造、锻造、切削等加工性能，且具有优秀的抗腐蚀性以及独特的视觉感受，所以是人造景观中常见的元素之一，尤其以铜、铁、钢、铝等最为常见，不同的金属材料会呈现出不同的外观质感与色彩，如铸青铜会呈现墨绿色，锻红铜与锻紫铜会呈现金色与紫金色；铸铁会呈现黑色，腐蚀后则会呈现暗红色；不锈钢会呈现高反光的亮白色；铝制品则是哑光的灰白色等。因此，在造景时往往会根据周边环境的色彩来选择性搭配相应的金属材料进行加工。

通常金属材料在风景园林设计中运用于雕塑、建筑、景观小品、地面铺装等方面，材料的选择根据设计主题进行，如用来表现传统主题时往往会选择铸铜、铸铁等材料，表现现代主题时往往会选择不锈钢、锻铜等材料。例如作品《漫》（图 7-2），其不锈钢材质的高反光特性具有很好的现代装饰感，此类材质的作品陈列于风景园林中，既能够独立表达作品的艺术思想，又能够映衬周边环境，达到作品与环境完美融合的艺术效果。

图7-2 学生作品《漫》（吴倩，材质：不锈钢；指导教师张顺）

7.4 纺织材料

7.4.1 传统纺织材料与纤维复合材料

纺织材料是人为加工的纤维与纤维制品，传统意义上的纺织材料是指由纺线构成的编织物，其特点便是软物质材料，如常见的棉布织物、丝织物、纱织物、亚麻织物，以及绳类与其他编织物等，这些材料运用于风景园林景观装置艺术品中，如线性装置艺术。现代意义上的纺织材料则非常广泛，如黏胶纤维、尼龙、碳素纤维、聚酯纤维等，其物理特性与应用范围均得到很大的提升，在与其他化工原料搭配后则会改变其原有的性状，此类制品统称为复合材料，和其他的硬质材料相比，复合材料具有抗疲劳强度高、减震性好、耐高温能力强、断裂安全性好、化学稳定性好、减磨性好、电绝缘性好等特点。

7.4.2 风景园林中纺织材料的应用

纺织材料在风景园林设计中应用很广泛，常用于园林小品的加工制作中。如常见的玻璃纤维与石膏复合材料、玻璃纤维与树脂复合材料，以及碳素纤维与树脂复合材料等。

7.5 纸质材料

7.5.1 纸质材料及其种类

纸是由植物纤维经沉淀后凝固成的片状物，常用于书写与印刷，也常见于包装、卫生等其他用途，至今已逾5000年的历史。纸的种类很多，如常见的白板纸、瓦楞纸、铜版纸、绘图纸、拷贝纸等。

纸质材料作为最常见且最易加工的材料，通过剪裁、切割、粘接等方法，常适宜制作表现构成艺术作品，既易于表现平面构成艺术，如镂空雕刻，又易于表现立体构成艺术。但因其易损坏的缺点，所以常用于练习性的习作。

7.5.2 风景园林中纸质材料的应用

在人们的印象中，纸质材料除实用性以外，因其易损坏的特殊性，即便是加工制作成艺术作品也只能陈列于室内，往往与风景园林相去甚远，但实际上纸张与纸制纤维也经常应用在现代装置艺术中，只不过需要与其他材料搭配，制作成综合性材料的构成作品，如内部以金属材料框架做支撑，体积则采用纸浆塑造，成型后喷漆着色，生活中常见的、质量很轻的纸质材料与丰富变化的体积空间，形成了很好的艺术效果。

在进行现代风景园林设计时，要不断开拓自己的思维模式，考虑能否打破常规，使用多样的材料对园林景观进行装点，继而丰富景观环境与景观内容。

7.6 塑料材料

7.6.1 塑料材料的分类

塑料材料是一种经过人工合成的天然高分子聚合物，简称塑料。塑料加热后可利用其可塑性特点塑造成型，凡是具有可塑性的物体都称为可塑体。常见的塑料种类大致可以分为聚乙烯、聚苯乙烯、聚氯乙烯、聚丙烯等热塑性塑料。塑料的种类繁多，而在风景园林景观中主要以玻璃钢、亚克力、光纤、木塑复合材料等作为主要应用媒介。

7.6.2 风景园林中塑料材料的应用

（1）玻璃钢

在风景园林中，景观雕塑的材料多数选用玻璃钢（FRP），它的学名叫作纤维增强塑料即纤维增强复合塑料，是以合成树脂为基体材料的一种复合材料。由于玻璃钢材料具有坚固、轻便的特性，在作品制作过程中可最大限度地还原作品最真实的设计理念，呈现其在空间中与景观之间的交互，达到一种和谐的平衡状态。如图7-3所示，三维构成及雕塑作品会与环境空间融合，玻璃钢材料的特性既轻便且造价成本适中，是景观空间构成作

图7-3 陕西宝鸡眉县四为广场雕塑（苗祥瑞，材质：玻璃钢）

品中的首要选择。

（2）亚克力

亚克力，又叫PMMA或有机玻璃，是一种可塑性强的高分子材料。其特点是硬度好、透明度好、透光性强、维护便利、可塑性强；同时具有较好的化学稳定性和耐候性、易染色、易加工等特性。亚克力装置艺术在多元时空的观念下，以意象造型表现空间视觉，以创造性的想象力为其思维方法，以多种构成形式相结合的表现手段来打破二维平面，制造空间虚实的视觉效果。

中国2010年上海世界博览会上英国馆中最富有建筑特色的“种子圣殿”，人们给它起了一个特别亲切的名字叫“蒲公英”，这个在远处看似毛茸茸的庞然大物，竟然是由6万多根蕴含植物种子的透明亚克力杆组成的，每一根透明亚克力杆的顶端都拥有一颗不同的植物种子，不同颜色和形状的种子会形成不同的图案，给人以不同的视觉感官，透明的亚克力杆还会随着风的方向摇曳，透明亚克力杆本身就可以作为优良的光导体，白天外面的光线通过它，为展馆内部提供照明，并给予人强烈的视觉震撼力，到了夜间内部的光线同样通过亚克力杆和顶端内陷的光源投向外部，形成一个光彩夺目的发光体，呈现昼夜两种完全不同风格的观赏模式。

（3）光纤

光纤是光导纤维的简写，是一种由玻璃或塑料制成的纤维，可作为光传导工具。作为材料，还相继开发了多成分的玻璃光纤和塑料光纤等。目前光纤已经逐渐取代霓虹灯管，出现在街头各种牌匾上，光纤也可以设置在喷水池中，放进铺

图7-4　光纤作品

路石内，采用光纤制作的户外立体造型作品，能够展现白昼与黑夜完全不同的面貌，并配合四季的变化产生各种色光。

意大利艺术家贝尔纳迪尼（Carlo Bernardini）善于利用光纤打造突破常规的视觉作品，他的作品（图 7-4）专注于视觉空间的多样性和延续性，在由细白光线构成的空间中自由穿梭，城市的空间被再次赋予现代感，完美的形式让技术与作品相得益彰，呈现出独特的视觉景象，并深入地研究线条和单色调之间的辩证关系。

（4）木塑复合材料

木塑复合材料（wood-plastic composites，WPC）是国内外近年蓬勃兴起的一类新型复合材料，主要用于建材、家具、物流包装等行业。木塑复合材料的基础为高密度聚乙烯和木质纤维，这决定了其自身具有塑料和木材的某些特性。

在 21 世纪的风景园林设计中，绿色可持续发展已经成为新风向，空间设计在材料选择上，对再生材料的应用变得更加广泛，关注度也逐渐提高。塑料制品的再创造就是可再生材料中的首选方向，如环保、绿色、生态的主题等，这也是一个与风景园林、绿色生态可持续发展理念相符合的概念。

捷克艺术家维罗妮卡·希达诺娃（Veronika Richterová）采用切割、加热、组装等多种方法，将 PET 塑料瓶制成半透明的彩色枝形吊灯、植物雕塑和其他艺术品。PET 塑料瓶的运用完美地体现了塑料材质的可塑性特点以及立体构成作品对空间的塑造（图 7-5）。

7.7　陶瓷材料

7.7.1　陶瓷材料分类及应用范围

陶瓷是由黏土或含有黏土的混合物经混炼、成形、刻画、配釉、煅烧而制成的各种制品。它的主要原料是取自自然界的硅酸盐矿物（如黏土、石英等）。在陶瓷材料中，还可细分为粗陶、细陶、炻器、半瓷器、瓷器，原料是从粗到精，坯体是从粗松多孔，逐步到致密，烧成温度也是逐渐从低到高。

在中国，陶瓷的主要产区为江西的景德镇、高安、丰城、萍乡，广东的佛山、潮州，福建的德化，湖南的醴陵，山东的淄博等地。陶瓷材料

图7-5 PET材料作品

也是环保材料，随着新型陶瓷生产技术的兴起，出现了如耐热陶瓷、抗菌陶瓷、环保陶瓷、航空航天陶瓷，以及纳米材料、精细化工材料等。当前，先进的陶瓷材料以其优越的耐高温性能、可靠性及其他独特性，成为性价比较高的首选材料，并被广泛应用。

7.7.2 风景园林中陶瓷材料的应用

陶瓷材料作为硬质材料可以应用到铺地、墙面、栏杆、景观构造中。陶瓷材料在建筑上是用作墙、地面等贴面的薄片或薄板状陶瓷装修材料；在中国园林中，门廊和栏杆上常有陶瓷的神兽和植物雕花，不同的地方会有不同的图案浮雕，瓷砖的历史可以追溯到公元前4000年。

在日常生活中陶瓷作为贴面材料更为常见，陶瓷幕墙就是最广泛的建筑材料，坐落在迪拜的摩天大楼Wasl Tower总高300m，大楼表面用技术较原始的光面陶瓷幕墙覆盖，是世界上最高的陶瓷幕墙。

随着陶瓷材料的创新和制作技术的提高，陶瓷材料更加全面、美观。在景观中从小巧的浮雕到精致的圆雕，中国古典园林运用得十分巧妙。

7.8 光材料

7.8.1 光材料的特点

光以各种各样的形式存在于日常生活之中。光既是视觉艺术的基石，也是控制构图的关键，造型作品应该是具体的、可视的，换言之，必须具备形和色。若把光看作造型材料时，光具有丰富的独特性，并被当今的艺术家们广泛应用于艺术创作中，这种应用已升华至一种更加通透且具有灵性的感官世界。当光作为一种材质时，因其自古以来便具有丰富的象征意义，可以在不同的状态下营造出多样的环境氛围。

7.8.2 风景园林中光材料的应用

宇宙万物中所有的形体都可以解构成点、线、面等基本要素，立体构成主要以这些基本要素作为形态的基础，所以它们在设计中有着非常广泛的应用与影响。同时，因为光的特殊性，在利用光创作的作品中，这些要素将产生出在别的造型中看不到的技法特色，并且获得独特的表现形式。

另外，人造光的光源具有点、线、面的形状，可利用光的点、线来取得独特效果的造型方法。

光线在以光材料构成的立体造型中有很重要的作用，光线既能决定形的方向，又可以形成有形体的骨架，成为结构体本身；另外，光线可成为形体的轮廓而将形体从外界分离出来。霓虹灯是城市的美容师，每当夜幕降临、华灯初上时，五颜六色的霓虹灯就把城市装扮得格外美丽。

材料作为一种最直接的表现语言，运用在风景园林中展示其各种不同的形式语言，材料与景观空间相辅相成，彼此相互依存，空间与材料二者都不能分离。

思考题

1. 列举陶瓷材料在建筑上的应用形式。
2. 列举纤维材料的各种表现形式。

第8章 色彩构成的造型原理

色彩构成是对设计和艺术中所需用到的色彩进行有规律、有构思、有审美的组合和搭配。从物理学、化学、生物学和心理学角度让人们认识色彩的性质、色彩的视觉规律、色彩对人心理所产生的影响为理论依据。本章通过讲述光与色、色彩要素、色彩的调和、色彩的心理、色彩的数字模式、风景园林设计色彩的应用等相关知识点，让读者了解色彩的基本原理。

8.1 光与色

色彩是通过眼、脑和人们的生活经验所产生的一种对光的视觉效应。人们对颜色的感觉不仅由光的物理性质所决定，人们对颜色的感觉还往往受到环境色的影响。有时人们也将物质产生不同颜色的物理特性直接称为颜色。

8.1.1 光与色的关系

光线是感知色彩的前提条件。人们之所以能看到并能辨认物象形体及色彩的千差万别，是因为凭借光的映照反映到视网膜的结果，光一旦消失，色彩就无从辨认。所以说，色彩是光的产品，没有光就没有色彩的感触感染。光是色之母，色是光之女，无光也就无色。

光源光：光源发出的色光直接进入视觉，如霓虹灯。

透射光：光源光穿过透明或半透明物体后再进入视觉，如灯笼。

反射光：物象通过光源光的照射后反射入视觉，眼睛最常见的物体都是反射光的结果。

8.1.2 光谱

光谱是复色光经过色散系统（如棱镜、光栅）分光后，被色散开的单色光按波长（或频率）大小而依次排列的图案，全称为光学频谱。光谱中最大的一部分可见光谱是电磁波谱中人肉眼可见的一部分，在这个波长范围内的电磁辐射称为可见光。光谱并没有包含人类大脑视觉所能区别的所有颜色，如褐色和粉红色。

8.1.3 可见光

可见光是电磁波谱中人肉眼可以感知的部分，可见光谱没有精确的范围；一般人肉眼可感知的电磁波频率在 380 ~ 750THz，波长为 400 ~ 780nm，但还有一些人能够感知到频率在 340 ~ 790THz，波长 380 ~ 880nm 的电磁波。色光的可见性取决于光的波长。

8.2 色彩的要素

人们所能看到的所有颜色，都具有色相、明度、纯度三个基本属性，称为色彩的三要素。它们相对独立又相互关联、互相制约，共同形成色彩的调和感觉和不同心理效应。其中，色相与光波的波长有关，明度、纯度与光波的幅度有关。

8.2.1 色相

在可见光谱上，人的视觉能感受到红、橙、

黄、绿、青、蓝、紫不同特征的色彩，人们给这些可以相互区别的色定出名称，当我们提到其中某一色的名称时，就会有一个特定的色彩印象。波长最长的是红色，最短的是紫色，红、橙、黄、绿、蓝、紫和处在它们各自之间的红橙、黄橙、黄绿、蓝绿、蓝紫、红紫这 6 种颜色共计 12 种可以形成一个色环，即 12 色环（图 8-1）。在色环上排列的纯度高的色称为纯色，这些色在环上的位置是根据视觉和感觉的相等间隔进行安排的，用类似的方法可以再分出细微的多种颜色。

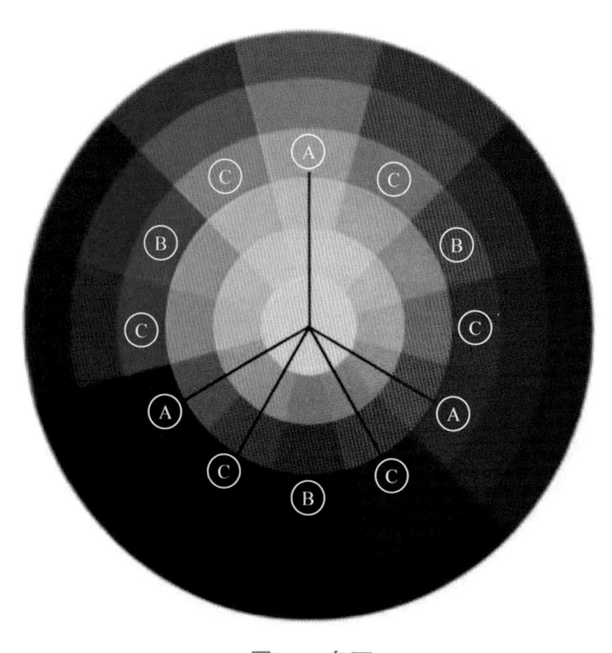

图8-1　色环

Ⓐ三原色：红、黄、蓝　Ⓑ三间色：紫（红+蓝）、橙（黄+红）、绿（蓝+黄）　Ⓒ复色：相邻两色的组合，黄橙、红橙、红紫、蓝紫、蓝绿、黄绿　Ⓐ—Ⓑ：互补色　Ⓐ—Ⓐ—Ⓐ：基色三色组　Ⓑ—Ⓑ—Ⓑ：间色三色组　Ⓐ—Ⓑ—Ⓑ：分裂互补三色组　Ⓐ—Ⓒ—Ⓒ：分裂互补三色组

色轮上彼此相邻的颜色组成类似色

8.2.2　明度

明度指色彩的明暗程度，也可以说是色彩中黑、白、灰纯度。明度最适于表现物体的立体感和空间感，物体表面发射的光因波长不同所呈现出各种色相，由于反射同一波长的振幅不同，致使颜色深浅明暗有所差别。明度高是指色彩比较鲜亮，明度低就是色彩比较昏暗。

色彩明度的形成有三种情况：

①因光源的强弱而产生的同一种色相的明度变化，同一色相在强光下显得明亮，在弱光下则显得黑暗模糊。

②由于加上不同比例的黑、白、灰，而产生的同一色相的明度变化。

③在光源色相同的情况下，各种不同色相之间的明度变化。

在色彩对比中，明度差最醒目，明度通常用 0% ~ 100% 的百分比来衡量，0% 是黑色，100% 是白色。在无彩色系中，明度最高是白色，明度最低是黑色。在有彩色系中，明度最亮是黄色，橙光次之，红光、绿光居中，蓝光暗一些，最暗的是紫色。明度是色彩的骨格，是色彩构成的关键。

8.2.3　纯度

纯度即颜色鲜艳的程度，也称饱和度。色彩的纯度越高，色相越明确；反之色相越弱。纯度体现了色彩的内在性格，颜料中的红色是纯度最高的色相，橙、黄、紫在颜料中是纯度较高的色相，蓝、绿色在颜料中是纯度较低的色相。

凡是有纯度的色彩必然有相应色相感，因此，有纯度的色彩就为彩色，没有纯度的颜色就是无彩色，我们可以通过纯度来界定有色彩和无彩色的差别。色彩的纯度、明度不能呈正比，纯度高不等于明度高。明度的变化和纯度的变化是不一致的，任何一种色彩加入黑、白、灰后，纯度都会降低。

8.3　色彩的混合

色彩混合是指某一色彩中混入另一种色彩，可获得第三种色彩。色彩当中最基本的三种颜色即三原色，也称三基色，是不能再分解的三种基本颜色。在颜料混合中，三原色作为基本色可以用来调配其他色彩，加入的色彩越多，颜色越暗，最终变为黑色。通常所指的色光三原色是红、绿、蓝（蓝紫色）三色；颜料三原色是红（品红）、黄（柠檬黄）、青（湖蓝）三色。

8.3.1 色的混合

颜色混合分为加色法和减色法两类。加色法的颜色混合又称色光混合。色光混合变亮，称为加色混合。减色法的颜色混合是指颜料的混合，颜料混合变暗，称为减色混合。

（1）加色混合

用加色混合可得出：

红光 + 绿光 = 黄光　红光 + 蓝紫光 = 品红光

蓝紫光 + 绿光 = 青光　红光 + 绿光 + 蓝紫光 = 白光

红光 + 绿光（不同比例）——橙、黄、黄绿

红光 + 蓝紫光（不同比例）——品红、红紫、紫红蓝

紫光 + 绿光（不同比例）——绿蓝、青、青绿

红光（不同比例）+ 绿光（不同比例）+ 蓝紫光（不同比例）——更多的颜色

彩色电视的色彩影像就是应用加色混合原理设计的，彩色影像被分解成红、绿、蓝三基色，分别转变为电信号加以传送，最后在银屏上重新由三基色混合成彩色影像。

（2）减色混合

有色物体（包括颜料）能够显色，是因为物体对光谱中的色光选择吸收和反射的结果。印染染料、绘画颜料、印刷油墨等各色的混合或重叠，都属于减色混合。两种以上的色料相混合或重叠时，相当于照在上面的白光中减去各种色料的吸收光，其剩余部分的反射光混合的结果就是色料混合和重叠产生的颜色。色料混合种类越多，白光中被减去吸收光越多，相应的反射光量也越少，最后将趋近于黑色。

用减色混合可得出：

品红 + 黄 = 红（白光—绿光—蓝光）

青 + 黄 = 绿（白光—红光—蓝光）

青 + 品红 = 蓝（白光—红光—绿光）

品红 + 青 + 黄 = 黑(白光—绿光—红光—蓝光)

注：品红、黄、青三原色在色彩学上称为一次色。

两种不同的原色相混合所得的色称为二次色，即间色。

两种不同间色相混合所得色称为第三次色，即复色。

8.3.2 空间混合

空间混合是指各种颜色的反射光快速地先后刺激或同时刺激人眼，以致眼睛很难将它们独立地分辨出来，然后在人眼中留下印象产生色彩的混合，或同时或几乎同时将信息传入人的大脑皮层，这个过程必须借助一定的空间距离来完成。空间混合也称并列混合、色彩的并置。如点彩派画作、电子分色套色印刷技术。

（1）空间混合规律

①凡互补色关系的色彩按一定比例空间混合，可得到无彩色系的灰和有彩色系的灰。如红与青绿的混合可得到灰、红灰、绿灰。

②非互补色关系的色彩空间混合时，产生二色的中间色。如红与青混合，可得到红紫、紫、青紫。

③有彩色系色与无彩色系色混合时，也产生二色的中间色。如红与白混合时，可得到不同程度的浅红。红与灰的混合，可得到不同程度的红灰。

④色彩在空间混合时所得到的新色，其明度相当于所混合色的中间明度。

⑤色彩并置产生空间混合是有条件的。其一，混合色应是细点或细线，同时要求呈密集状，点与线越密，混合的效果越明显。其二，色彩并置产生空间混合效果与视觉距离有关，必须在一定的视觉距离之外才能产生混合。

（2）空间混合的特点

①近看色彩丰富，远看色调统一。在不同视觉距离中，可以看到不同的色彩效果。

②色彩有震动感、闪烁感，适用于表现光感，印象派画家常用这种手法。

③如变化各种色彩的比例，少套色可以得到多套色的效果，电子分色印刷就是利用这种原理。

8.3.3 色彩推移

（1）明度推移

明度推移是指一种色彩在纯度和色相不变的

图8-2　明度推移（吴田欣）

同时，明暗发生逐渐变化造成的色彩构成，一般不使用纯度较高的色彩来构成（避免给人明显的纯色变化）。通常选一种明度与纯度都较低的色彩，逐渐加白，依次调出明度各不相同而明度差又相等的色阶，色阶越多，画面效果越强烈（图 8-2、图 8-3）。

（2）色相推移

色相推移是指色彩通过连续的逐渐变化，从某一色相推移至另一色相。一般选用两种或两种以上纯度较高的色彩，可以使用两色相加或模拟两色相加为中介色，使推移自然流畅。色相推移的中介色也可以使用无彩色系的黑、白、灰或金属色，任何颜色都可以推移至另外的颜色（图 8-4、图 8-5）。

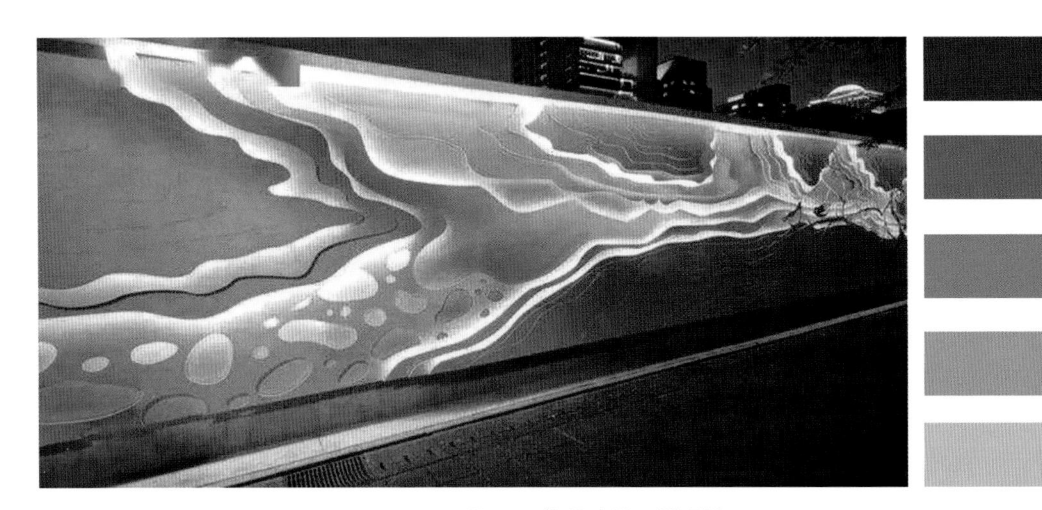

图8-3　作品改绘：景观墙

图8-4　色相推移（吴田欣）

图8-5　作品改绘：交通景观

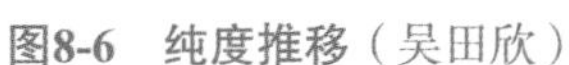

图8-6　纯度推移（吴田欣）

图8-7　作品改绘：植物造景

图8-8　冷暖推移（吴田欣）

图8-9　作品改绘：植物造景

（3）纯度推移

纯度推移是指某一纯色向无彩色系逐渐变化造成的色彩构成。如图 8-6、图 8-7 所示。

（4）冷暖推移

冷暖推移是指某一暖色系和冷色系互相逐渐变化造成的色彩构成。冷色极限为蓝，暖色极限为红、橙、黄等。如图 8-8、图 8-9 所示。

8.4　色彩的心理

色彩对人的大脑和精神的影响力是客观存在的，色彩的感知力、色彩的辨别力、色彩的象征力与感情，都是色彩心理学上的重要问题。本教材着重介绍色彩的感觉与色彩的心理分析。

8.4.1　色彩的感觉

（1）色彩的进退和胀缩感觉

当两个以上的同形同面积的不同色彩，在相同的背景衬托下，给人的感觉是不一样的。如在白背景衬托下的红色与蓝色，红色感觉比蓝色离人近，而且比蓝色大；当白色与黑色在灰背景的衬托下，感觉白色比黑色离人近，而且比黑色大；当高纯度的橙色与低纯度的橙色在白背景的衬托下，感觉高纯度的橙色比低纯度橙色离人近，而且比低纯度的橙色大（图 8-10）。

在色彩的比较中给人以比实际距离近的色彩称为前进色，给人以比实际距离远的色彩称为后退色。给人感觉比实际大的色彩称为膨胀色，给

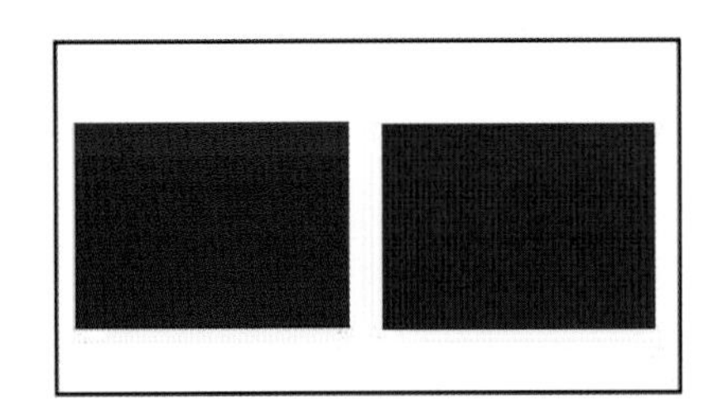
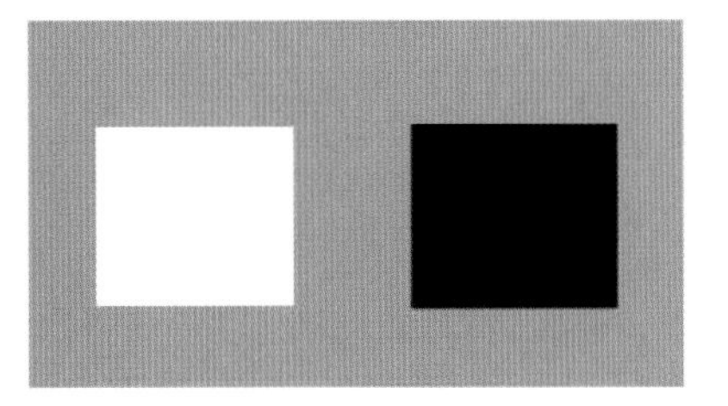
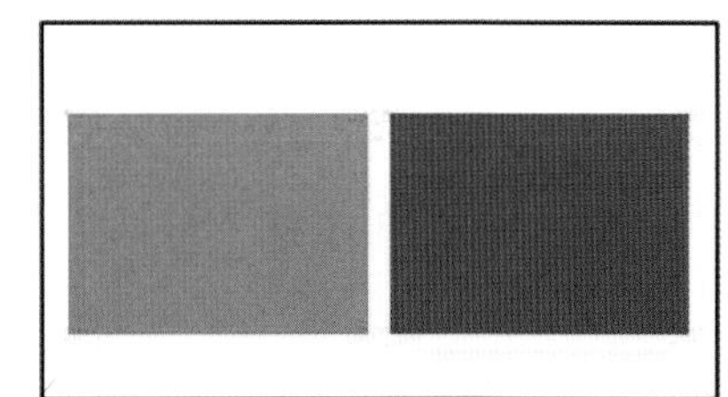

图8-10　色彩的进退胀缩感

人感觉比实际小的色彩称为收缩色。根据上面的分析，可以得出以下结论：

①在色相方面，长波长的色相红、橙、黄给人以前进膨胀的感觉；短波长的色相蓝、蓝绿、蓝紫有后退收缩的感觉。

②在明度方面，明度高而亮的色彩有前进或膨胀的感觉，明度低而黑暗的色彩有后退、收缩的感觉，但也会受到背景变化，从而给人的感觉也产生变化。

③在纯度方面，高纯度的鲜艳色彩给人以前进与膨胀的感觉，低纯度的灰浊色彩给人以后退与收缩的感觉，并为明度的高低所左右。

（2）色彩的轻重和软硬感觉

当我们把等大而重量相等的六个物体，分别为灰色、黑色、白色、红色、黄色、蓝色（图 8-11）。

显而易见，白色给人感觉最轻，依次是黄色、灰色、红色、蓝色，最后是黑色。色彩的轻重感觉，是物体色与视觉经验而形成的重量感作用于人心理的结果。决定色彩轻感觉的主要因素首先是明度，即明度高的色彩感觉轻，明度低的色彩感觉重。其次是纯度，在同明度、同色相条件下，纯度高的感觉轻，纯度低的感觉重。从色相方面色彩给人的轻重感为，暖色黄、橙、红给人的感觉轻，冷色蓝、蓝绿、蓝紫给人的感觉重。物体的质感给色彩的轻重感觉带来的影响是不容忽视的。

（3）华丽的色彩和朴素的色彩

从色相方面看，暖色给人的感觉华丽，而冷色给人的感觉朴素；从明度来看，明度高的色彩给人的感觉华丽，而明度低的色彩给人的感觉朴素；从纯度来看，纯度高的色彩给人以华丽的感觉，而纯度低的色彩给人以朴素的感觉；从质感来看，质地细密而有光泽的给人以华丽的感觉，而质地酥松、无光泽的则给人以朴素的感觉。

（4）积极的色彩和消极的色彩

不同的色彩刺激人，从而产生不同的情绪反应，能使人感觉鼓舞的色彩之为积极兴奋的色彩。而不能使人兴奋，使人消沉或感伤的色彩称为消极性的沉静色彩。影响感情最强的是色相，其次是纯度，最后是明度。

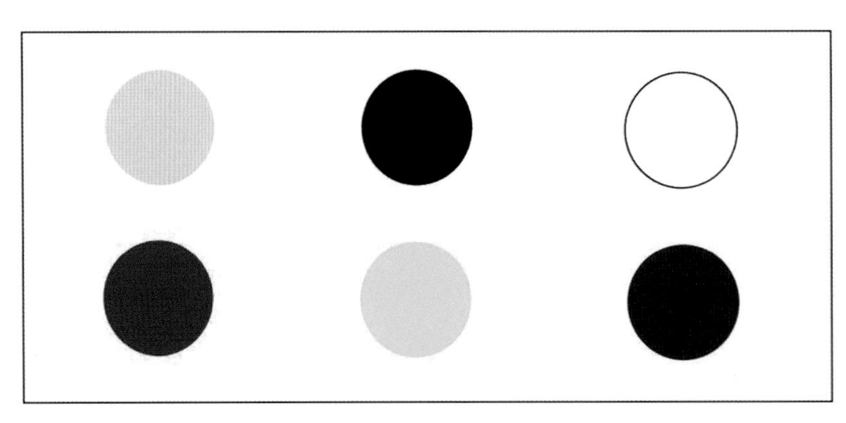

图8-11　色彩的轻重软硬感

从色相角度来看，红、橙、黄等暖色，是最令人兴奋的积极的色彩，而蓝、蓝紫、蓝绿是冷色，给人的感觉沉静而消极。

从纯度角度来看，不论暖色与冷色，高纯度的色彩比低纯度的色彩刺激性强而给人的感觉积极，其顺序为高纯度、中纯度、低纯度，暖色则随着纯度的降低而逐渐消沉，最后接近或变为无彩色而为明度条件所左右。

从明度角度来看，同纯度的不同明度，一般明度高的色彩比明度低的色彩刺激性大；低纯度、低明度的色彩是沉静的，而无彩色中低明度最为消极。

8.4.2 色彩的联想与象征

当人们看色彩时常想起以前与该色相联系的色彩，这种因某种机会而出现的色彩，称为色彩的联想。色彩的联想是通过以往的经验、记忆或知识而取得的。色彩的联想可分为具体的联想与抽象的联想。

红色：具体联想到日出、火焰，抽象联想到希望、温暖（图 8-12）。

图8-12 红色月季

黄色：具体联想到土地、丰收的麦田，抽象联想到踏实、收获（图 8-13）。

绿色：具体联想到山林、湖水，抽象联想到自然舒适、灵动（图 8-14）。

蓝色：具体联想到大海、天空，抽象联想到

图8-13 《麦田》（文森特·凡·高，1888）

图8-14 山林清涧

图8-15　碧海蓝天

图8-16　冬日雪山

图8-17　钟楼夜景

平静、深远（图 8-15）。

白色：具体联想到白雪、云朵，抽象联想到纯洁、安宁（图 8-16）。

黑色：具体联想到黑夜、灯光，抽象联想到冷清、希望（图 8-17）。

这些色彩的联想多次反复，几乎固定了它们专有的表情，于是该色就变成了该事物的象征。

8.5　色彩的数字模式

色彩的数字模式是数字世界中表示颜色的一种算法。数字色彩是色彩学的一种新的表现形式，它依赖数字化设备而存在，同时又与传统的光学色彩、艺术色彩有着内在的、必然的联系。

8.5.1　数字图形与数字色彩

（1）点阵图的色彩

点阵图的色彩是指在图形的“生成”阶段，点阵图的像素和色彩是不可见的，它只是一串记录图形、色彩性质的数字信号，没有视觉上的长、宽、颜色等量度的大小。只有当它进入“呈现”阶段，这一串数字信号才以特定的长宽比和分辨率展示在计算机的显示器上，点阵图文件才有了可视的形象、色彩及长宽量度等。

（2）色彩的位深度（色彩深度）

“位深度”是计算机用来记录点阵图每个像素颜色丰富与单调的一种量度。它只适合点阵图的颜色表述。位深度的数值越大，点阵图的颜色就越丰富，图形所需占用的空间也越大。

（3）矢量图与色彩

在纯粹的矢量图文件中（不含点阵图的矢量图），不论文件的矢量格式采用什么样的色彩模式，该文件的大小都不会因色彩模式的变化而受到影响。而在点阵图中，色彩模式的变化会直接影响图形文件的大小。

计算机对矢量图形外形与色彩的叙述是一体的。矢量图形的清晰度不受分辨率的影响，可无限制放大，清晰度依然相同。对于矢量图形而言，无论形状和面积大小如何，每个物件将只具有一个颜色值，并且轮廓清晰、色彩明快，无论放大、缩小或旋转等不会失真，具有保持图像视觉质量等特性，受到许多设计者的青睐。

8.5.2 色彩的数字模式

（1）RGB 模式

RGB 色彩就是常说的光学三原色，R 代表红色（red），G 代表绿色（green），B 代表蓝色（blue）。自然界中肉眼所能看到的任何色彩都可以由这三种色彩混合叠加而成，因此也称加色模式。日常生活中在显示屏上显示颜色时往往采用这种模式，如用于电视、幻灯片、网络、多媒体等。

（2）CMYK 模式

CMYK 模式是当阳光照射到一个物体上时，这个物体将吸收一部分光线，并将剩下的光线进行反射，反射的光线就是人们所看见的物体颜色的减色色彩模式。当今的印刷技术以 CMYK 四色印刷为代表，它采用 C 代表青色（cyan），M 代表洋红色（magenta），Y 代表黄色（yellow），K 代表黑色（black），因为在实际应用中，青色、洋红色和黄色很难叠加形成真正的黑色，最多不过是褐色而已。因此才引入了 K——黑色，黑色的作用是强化暗调，加深暗部色彩，四色高饱和度的油墨以不同角度的网屏叠印形成复杂的彩色图片。

（3）Lab 模式

Lab 模式既不依赖光线，也不依赖于颜料，它是国际照明委员会（CIE）组织确定的一个理论上包括人眼可以看见的所有色彩的色彩模式。它是一个立体的色彩空间，是由亮度 L，以及 A、B 两个色彩范围构成。A 包括的颜色范围是从深绿色（低亮度值）到灰色（中亮度值）再到亮粉红色（高亮度值）；B 包括的颜色范围是从深蓝色（低亮度值）到灰色（中亮度值）再到黄色（高亮度值）。

8.6 风景园林中色彩的应用

色彩作为最易识别的视觉元素，在风景园林设计中直接影响人们的观赏和游览体验。因此，要充分了解色彩构成的基本原理，解锁人们对色彩的生理感知和心理感知，并以地面铺装、园林小品、植物、水系、山体等园林景观设计要素作为实际载体，将色彩进行有机的统筹与协调，最终达到理想的视觉效果。

8.6.1 风景园林中光与色的应用

光按照来源不同，可分为光源光、透射光和反射光，在生活中，人们欣赏园林景观主要依靠太阳的反射光，而光源光和透射光次之。彩虹是人类观察到的光源光，它是太阳光照射到半空中的水滴、光线被反射后，在天空中形成的七彩光谱。在美国长岛市苏格拉底雕塑公园中的彩虹雕塑（图 8-18），就是将 Folly 彩虹变成了一场科学和艺术之间的浪漫互动，雕塑由一个不间断的彩虹带组成，当人置身其中，宛如置身于色彩不断变化的彩虹怀抱中，尽享园林景观下光与色的美轮美奂。

图8-18 美国长岛市苏格拉底雕塑公园Folly彩虹（Holm Architecture Office）

8.6.2 风景园林中色彩要素的应用

中国古典园林中建筑多为白墙灰瓦，朴素而有韵味，配置红色、橙色等暖色调植物，色彩鲜艳而交相辉映。无锡寄畅园是典型的苏州园林，如图 8-19 所示，画面中青瓦粉墙，略施墨黛，朴素清新，配以高低错落的乔木、灌木和草本，层次丰富，借用植物的不同色相，或者相近色相不同明度及纯度，色彩空间融合，远看色调统一，近看色调丰富，映衬绿水蓝天，使人如入画境。

8.6.3 风景园林中色彩混合应用

图 8-20 是一个高迪风格的马赛克花池，主要选用介于蓝色和绿色之间的不同色相的马赛克拼贴而成，远看色调统一，近看色彩丰富，视觉中带有震动感和闪烁感，表现了极强的光感，与其背后的绿色植物交相辉映，使园林景观变得活泼有动感。园林景观中的色彩空间混合美观实用，常见材料还包括植物、碎玻璃、平板、瓷砖、鹅卵石等应用在花园、地面铺装、建筑装饰、园林

图8-19 无锡寄畅园

图8-20 景观花池的色彩空间混合

图8-21 作品改绘：苏州狮子园

小品等园林要素中，这里展示的就是地面铺装中的色彩空间混合。

8.6.4 风景园林中色彩心理的应用

在苏州狮子园中（图 8-21），有置石、建筑、水体、植物。墨绿色松柏为远景，增加景深，绿色的高大乔木林立，树冠绵延而柔美，既有生机又显雅致，黄褐色景石古朴自然，中间调的拱桥与屋舍相连，各色景观要素倒影在清晰透彻的水中，映衬蓝天，与蓝绿色水体浑然天成。整个画面以绿色、蓝色、褐色为主，其中，黄褐色的置石是前进膨胀色，蓝色的水体和蓝天是后退收缩色，视觉上突出了狮子林闻名遐迩的置石，整体来看色相种类少，低饱和度冷色居多，给人以宁静平和之感，营造出安逸闲散的浪漫氛围。

思考题

1. 色彩三要素之间是什么关系？
2. 举例说明色彩对人的心理、情感、行为的影响，以及如何应用。

第9章

色彩对比构成

在现实世界里，色彩不会孤立地存在，而是会两种或两种以上的色彩一起出现，以整体的效果呈现在观者的视线中。它们放在一起就会形成对比，会存在着对立、差别和互相影响的现象。色彩的对比和调和是矛盾统一的，我们研究配色搭配问题就是在研究色彩对比和协调的问题，色彩的搭配又离不开色彩的三个基本属性。本章以色相、明度、纯度、色彩面积等因素为切入点，对色彩的对比变化规律、调和方法等色彩构成法则进行阐述。

9.1 同时对比与连续对比

同时对比与连续对比都是由于视觉生理条件作用在视觉中发生的色彩现象。

9.1.1 同时对比

同时对比是指在同一时间和同一视域里色彩并置的对比效果，就是这两种颜色所对应的色相、明度、纯度由于同时出现而产生的在相反倾向上加强刺激的现象。在色相对比里，当我们看到一种特定色彩时，眼睛都会同时要求看到它的补色。补色如果没有出现，眼睛就会将它产生出来。在图 9-1 中，中等明度的灰色块都微微带有相邻纯色的补色色感，如红色色块旁边的灰色会带有绿色色味，蓝色色块旁边的灰色会带有橙色色味。这是由于当人们长时间看着一种色彩时，视神经会诱发出它的补色进行自我调节。

图9-1 同时对比

9.1.2 连续对比

连续对比指的是在不同的时间下，或者说在时间运动的过程中，不同颜色刺激之间的对比，也就是先后看到的对比现象，也称视觉残像。例如，当人们长久注视一块红颜色之后，再看着一块白色，眼睛就会感觉看到同一形状的绿色色块；当人们适应暖色光的环境之后，突然来到正常光线下，会觉得正常光线很冷。连续对比现象是可以消除的，但同时对比现象不可消除。

9.2 色相对比

不同颜色并置，在比较中呈现色相的差异，称为色相对比。色相对比的强弱决定于色相在色相环上的位置。从色相环上看，任何一个色相都可以以自我为主，按其所在位置的不同夹角度数来分成同类、类似、邻近、对比和互补色相的对比关系。

9.2.1 同类色对比

同类色对比是指所有色彩在色相环上的距离是 30° 以内的对比（图 9-2），它是色相中最弱的对比，色差小，统一感更强。整体效果单纯、含蓄、雅致，但也容易出现单调、过于平淡的效果，这时需要加强明度和纯度的对比来调整整体效果。

9.2.2 邻近色对比

邻近色对比是指色相距离在 60° 左右的对比，是色相中较弱的对比（图 9-3）。它们之间的色彩关系属于一个较大的色相范畴，但有一定的冷暖差别，如玫红、大红、朱红，黄绿、绿、蓝绿。该对比的画面在强调统一的配色效果中会产生一定的对比变化，整体效果相较于同类色对比要更丰富、活泼一些。

9.2.3 中差色对比

中差色对比是指色相距离 90° 左右的对比，属于色相的中对比。邻近色相由于色相的差别拉大，配色效果会显得丰富活泼，在不过分对比的情况下，又满足视觉感受。

9.2.4 对比色对比

对比色对比是指色相距离在 120° 左右的对比

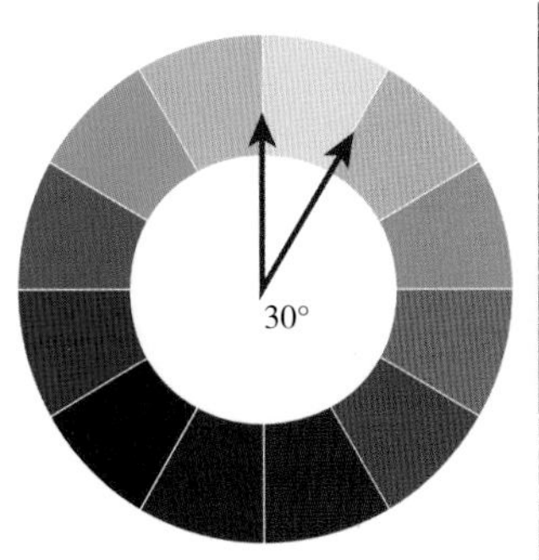

图9-2 同类色对比

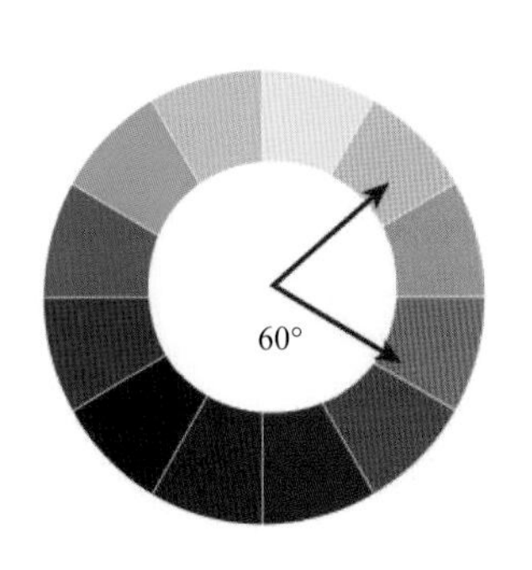

图9-3 邻近色对比

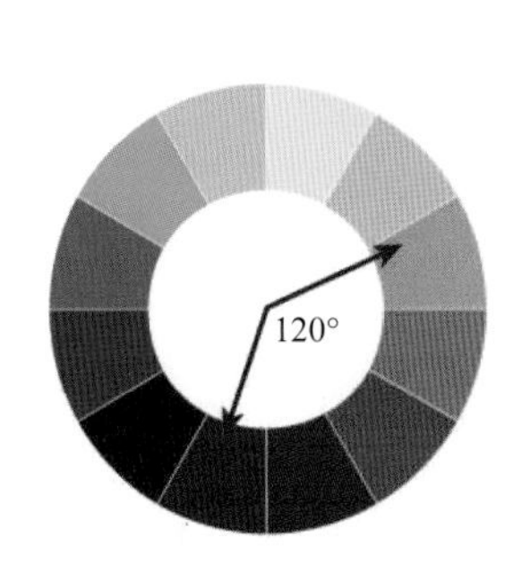

图9-4 对比色对比

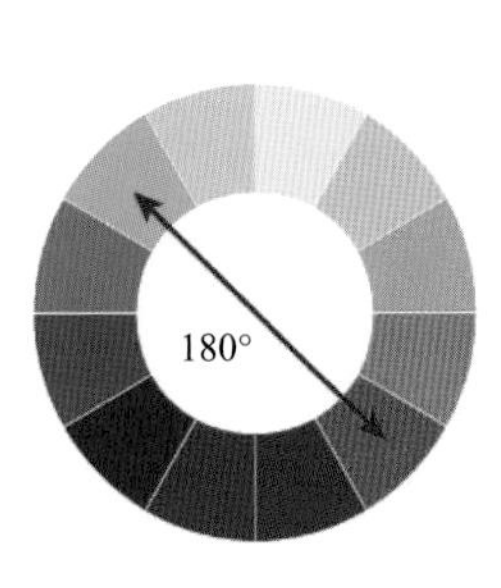

图9-5 互补色相对比

关系，属于色相对比中的中强对比（图 9-4）。这种对比有着较强烈和饱满的色相感，具有较强视觉冲击力，是极富运动感的配色。但此配色也易使视觉过于兴奋和疲劳，处理不当会有不稳定、烦躁之感。如红橙色和蓝色可以形成强烈对比，使画面具有强烈的视觉冲击力，活力四射。

图9-6 《夜间咖啡厅》（文森特·凡·高）

9.2.5 互补色相对比

互补色对比是指色相距离在 180° 的对比（图 9-5），是色相中最强的对比关系，是色相对比的归宿。对比色双方会使对方色彩感更强。在梵高的作品《夜间咖啡厅》（图 9-6）中，天空深蓝色和咖啡馆透出的橙黄色，形成了强烈的补色对比关系，碰撞出了浪漫又炫目的效果。

9.3 明度对比

明度对比，就是将明暗程度不同的两色并列在一起，明的更明、暗的更暗的对比现象。人眼对明度的差别和对比最敏感，而且画面的空间层次主要也是靠明度对比来表现的，明度元素就像骨格支撑着整个画面的立体和空间感。

9.3.1 明度阶级

根据孟塞尔色立体，用黑色和白色按等差比例相混，建立一个九等级的明度色标。根据这个色标，划分出三个明度基调（图 9-7），即高明度基调、中明度基调和低明度基调。

高明度基调是位于明度系列高位数端的 7、8、9 级的亮色组合成的基调，具有优雅、明亮的感觉。中明度基调是由位于中位数端的 4、5、6 级的中明色组合成的基调，具有柔和、稳定的感觉。低明度基调是位于明度系列低位数端的 1、2、3 级

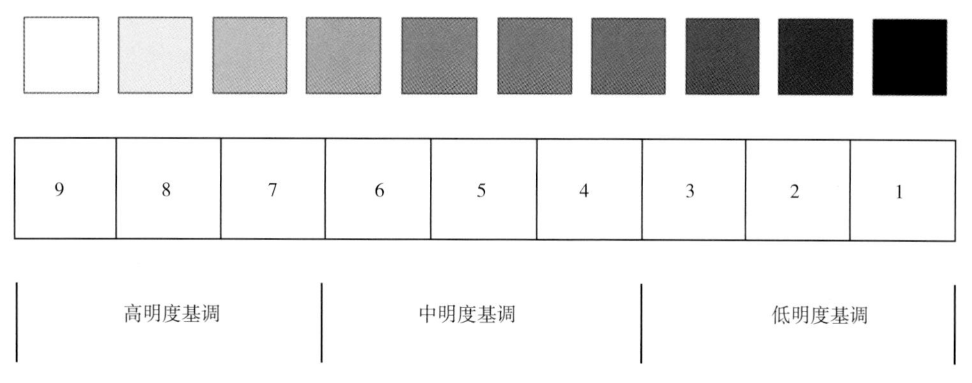

图9-7 明度阶级

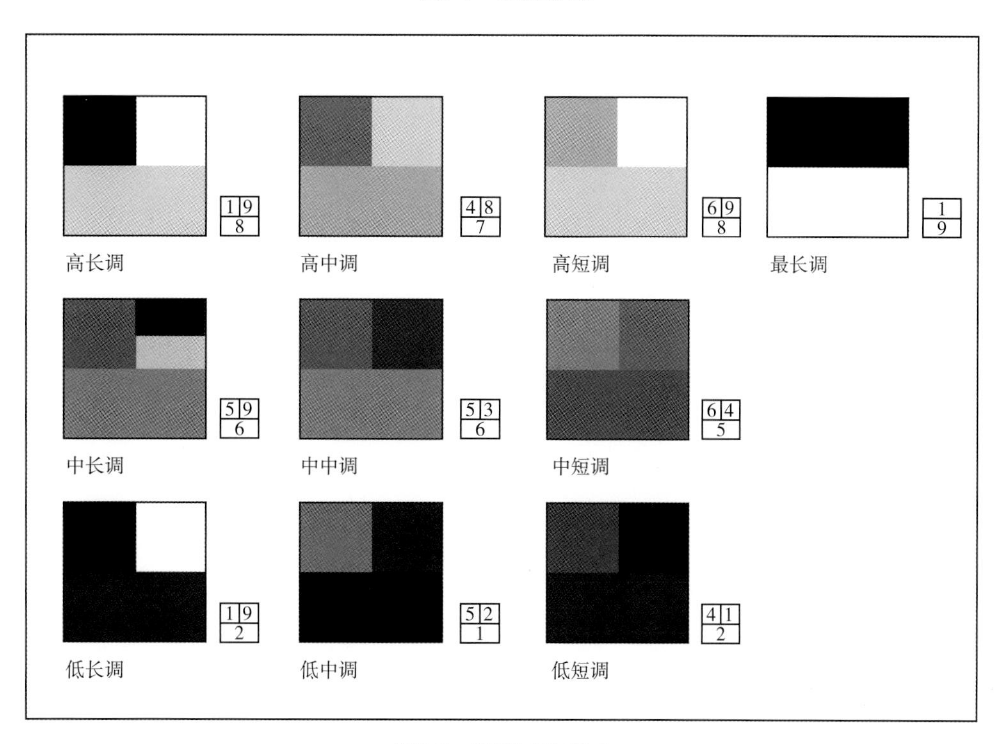

图9-8 明度对比调式

的暗色组合而成的基调，具有低沉、厚重的感觉。

色彩间明度差别的大小决定着明度对比的强弱。3 个阶梯以内的对比为明度弱对比，又称短调对比；5 个阶梯以外的对比称明度强对比，又称长调对比；3 个阶梯以外、5 个阶梯以内的对比称明度中对比，又称中调对比（图 9-8）。

在明度对比中，如果其中面积最大、作用也最强的色彩或色组属高调色，色的对比属长调，那么整组对比称为高长调；如果画面的主要色彩属中调色，色的对比属短调，那么整组对比称为中短调。按这种方法，大体可划分为 10 种明度调子：高长调、高短调、高中调、中长调、中短调、中中调、低长调、低短调、低中调、最长调。

9.3.2 不同明度调性的特点

①高长调　反差大，对比强，形象的清晰度高，视觉冲击力强。

②高短调　优雅、含蓄、模糊，是温柔的、女性化的配色。

③高中调　此调效果明快、舒适、鲜明辉煌。

④中长调　此调沉稳而坚实，给人以阳刚的男性色彩效果。

⑤中短调　此调清晰度差、朦胧模糊、平稳，但容易显得呆板。

⑥中中调　此调配色不强调也不压抑，和谐、舒适。

⑦低长调　低调的强对比效果，具有强烈的、爆发性的视觉效果，画面具有男性的魅力。

⑧低短调　低调的弱对比效果，低沉阴暗、沉闷，画面常常显得迟钝、忧郁，气氛压抑。

⑨低中调　此调厚重、沉默、朴素，常认为是男性色调。

⑩最长调　最明色和最暗色各占一半的配色。其效果强烈、锐利，适合远距离的设计。但处理不当也易产生生硬、眩目、过于刺激的感觉。

9.4　纯度对比

纯度对比是指将不同纯度的两色并列在一起，因纯度差而形成鲜的更鲜、浊的更浊的色彩对比现象。

9.4.1　纯度阶级

纯度也可以通过阶段差来研究其配色方法，将最高彩度色（纯色）与其同明度的灰相混，混合出12阶段的不同彩度的灰色，也就是说，将各色相的纯色到无彩色轴分为等分的12个阶段，再以4个阶段为一种彩度基调，可分为高、中、低3个纯度基调，即高纯度基调、中纯度基调和低纯度基调。

纯度差决定纯度对比的强与弱，与明度对比中的长短调相似，以12个纯度阶段为基础，将8个以上阶段间隔的配合称为纯度强对比，将6个阶段左右间隔的配色称为纯度中对比，将4个阶段以内间隔的配色称为纯度的弱对比。

如果以高、中、低纯度3个部分为基调配合纯度的强、中、弱对比，就能组成许多纯度对比的调子。如高强对比（高纯度、强对比），中强对比、低强对比；高中对比、中中对比、低中对比；高弱对比、中弱对比、低弱对比，以及最强对比等。

纯度对比的效果相对于明度和色相对比来说，纯度对比更柔和、更含蓄，它不易被感知，纯度差4个阶段的刺激只相当于明度差一个阶段的刺激，但其作用是潜在和不可缺的，可以增强或减弱色相的明确性，并会影响整个画面的氛围和气质。纯度越强的色块，其色相的色感越鲜明。纯度过高的画面会出现生硬、过于刺激等的不协调效果。纯度中对比的画面，会显得纯度饱满、充实；纯度弱对比时，明亮的中弱纯度对比的配色给人以高级、舒服、耐看的感觉，但要注意拉开明度的对比，不然会出现粉、闷、脏的现象。

图9-9所示是一个纯度对比的练习，用同一构图，配上不同的纯度色调，是纯度对比的9种调式，形成不同的画面气氛。在同一构图下，全高纯度的作品显得色彩浓烈、活泼，低纯度的作品则显得高雅、柔和。

9.4.2　降低纯度的方法

（1）混合白色

混合白色后纯度降低，但明度增高，色彩的冷暖感也会发生转变。如红色混入白色后变为粉红色，色感会由暖色转为冷色，产生寒冷感觉；相反，较冷的蓝色和紫色等混入白色后，粉蓝色和粉紫色反而会带点暖意（图9-10）。

（2）混合黑色

色彩在混合黑色后纯度降低，同时变成暗色，与混合白色相反，黄是明度最高的纯色，所以混合黑色能获得较多的阶段。

（3）混合灰色

纯色混入不等量的灰色可降低纯度，整体效果也会变得柔和、含蓄（图9-11）。

（4）混合补色

将互为互补色的颜色混合，可以快速得到不同的灰色。

9.5　补色对比

补色对比是指在色相环上两色相之间夹角为180°左右的色相对比，是最强的色相对比，是色相对比的归宿。它比对比色对比更完整、更充实、

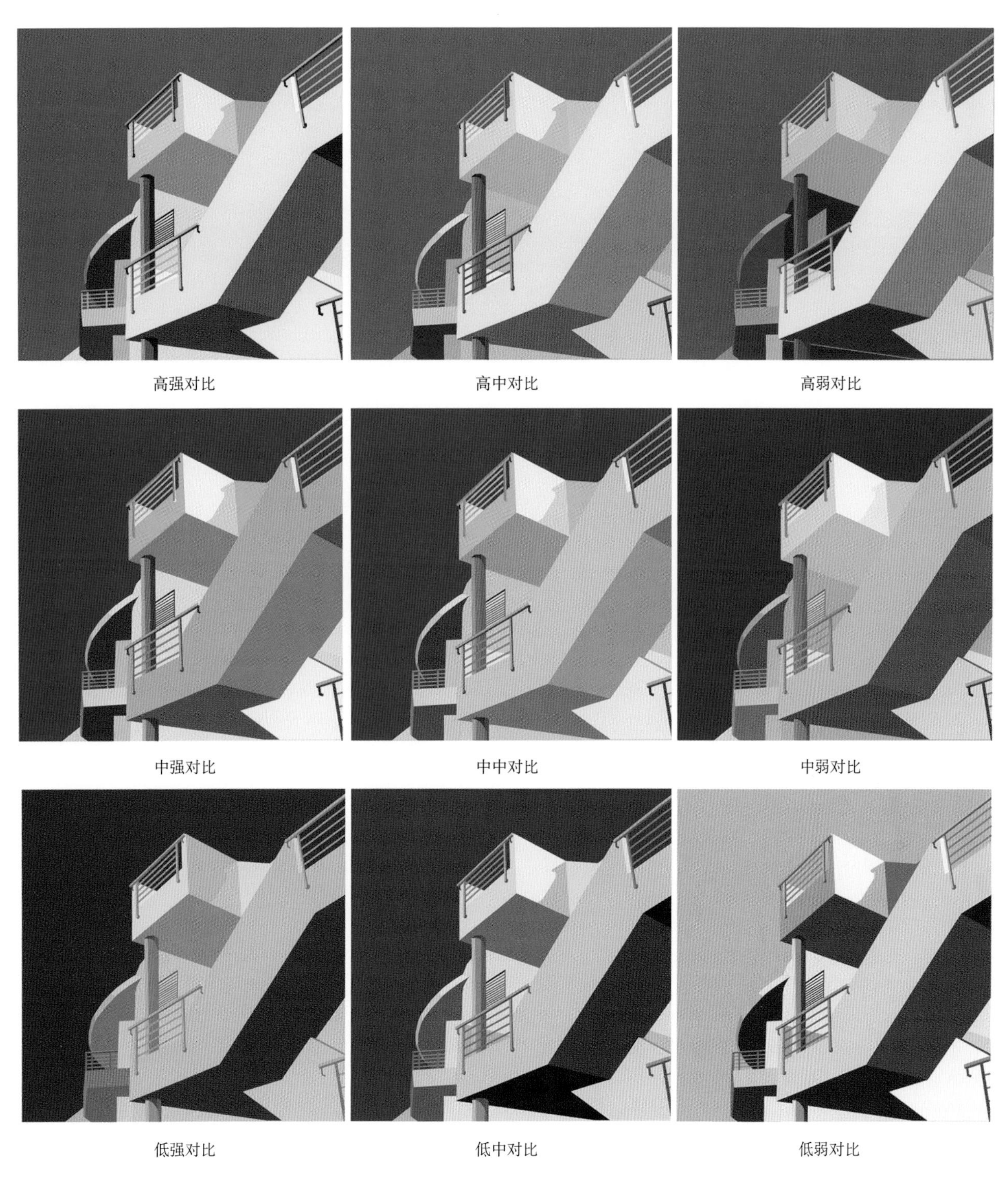

图9-9 纯度对比的9种调式（刘志彬）

更富有刺激性。其长处是饱满、活跃、生动、刺激，短处是不含蓄、不雅致，但过分刺激，又会有种幼稚、原始的感觉。它适用于较远距离的设计，可在短短的时间内抓住观者的眼球，如街头广告、标识、橱窗、商品包装等。这种色相对比是最难处理的，它需要较高的配色技巧。

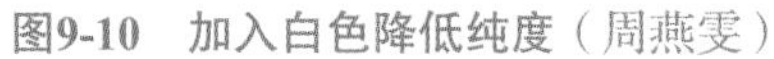

图9-10　加入白色降低纯度（周燕雯）

图9-11　加入灰色降低纯度（周燕雯）

9.5.1　补色对比的特点

①一对补色并置在一起，可以使对方的色彩更加鲜明。

②最典型的补色对比是黄和紫、蓝和橙、红和绿。

黄和紫色对比：两者明度差大，色相个性悬殊，是补色中最冲突的一对。

蓝与橙色对比：明度对比居中，是冷暖差最大的一对。

红和绿色对比：明度对比相近，冷暖对比居中，是纯度对比里的终极配色。红绿色块的面积大小相近时，对比效果最强烈。

③互补色纯度越高、面积越接近，刺激度越大。

9.5.2　补色配色的方法

（1）改变明度、纯度的阶级

在保持色相不变的基础上，改变互补色的明度、纯度，以此进行搭配。这不仅保留了互补搭配的特点，同时降低了纯色对比下的过强视觉刺激。也可以在互补色中加入黑色或灰色，从而降低其不协调感。

（2）适当拉开面积差

避免等面积地使用颜色，可将一种颜色保持面积较大，形成主色调；另一种颜色形成辅助色或点缀色。

（3）将两个颜色拉开距离

尽量避免互补的两个颜色紧邻，可让其处于画面中遥相呼应，这样中间的空间可起到调和作用。强烈的对比效果被距离减弱，但是依旧会形成不错的互补陪衬。

（4）可将颜色分割成多个小块

在设计中，可将大面积颜色换成小面积，面积减小，对比也就减弱，细碎的对比让视觉不那么刺激强烈，同时还保持了彼此之间的互补效果。与拉开两个颜色距离所不同，这里是强调两个颜色对比的色块面积小且多。橙色和蓝色的面积大小相当，但被切为多个色块，受到错视和空间混合的作用，这组互补色的对比效果会被减弱，从而达到较协调的效果。

9.6 冷暖对比

9.6.1 色彩冷暖感的形成

色彩本身没有冷暖之分，色彩的冷暖感主要来自人的生理与心理感受。由于人们生活在色彩世界的经验以及人们的生理功能（如条件反射），使人的视觉逐渐变为触觉的先导。瑞士色彩学家伊顿认为色彩的冷暖可以用词语来表示，比如给人暖的感觉词语有不透明、刺激、阳光、稠密、重的、干燥的、热烈、近的、硬的等；给人冷的感觉的词语有透明的、镇静的、阴影、稀薄、远的、空感、轻的、湿的、冷清、软的、流动的、理智、圆滑的曲线等。

给人感受极冷、极暖的色彩位于色相环的两端，即冷极色蓝、暖极色橙。红、黄为暖色，波长较长，可见度高，色彩感觉比较跳跃，其中红紫、黄绿为中性微暖色。如图 9-12 右组图，橙色的枫叶温暖、耀眼，给人以强烈的视觉效果。故宫建筑色彩以红墙黄瓦等暖色为主，显示出了皇家的气派。而冷色波长较短，可见度低，其中青紫、蓝绿为中性微冷色。图 9-12 左组图，黎明时刻蓝色的大地，让人感到悠远、静逸；一串串的紫藤花，其淡紫色的色调使它显得含蓄又内敛，但又不失典雅清丽。

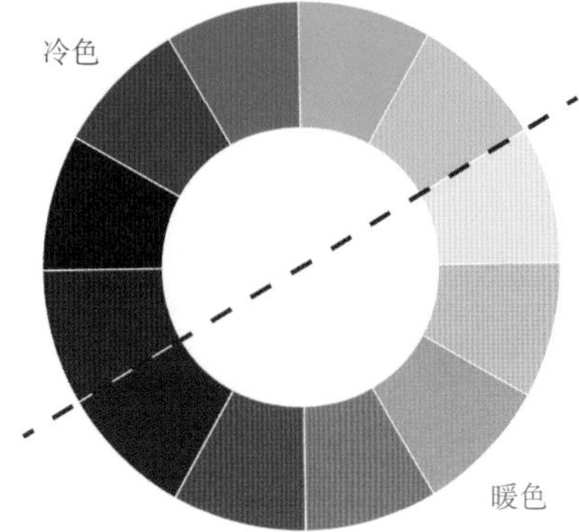
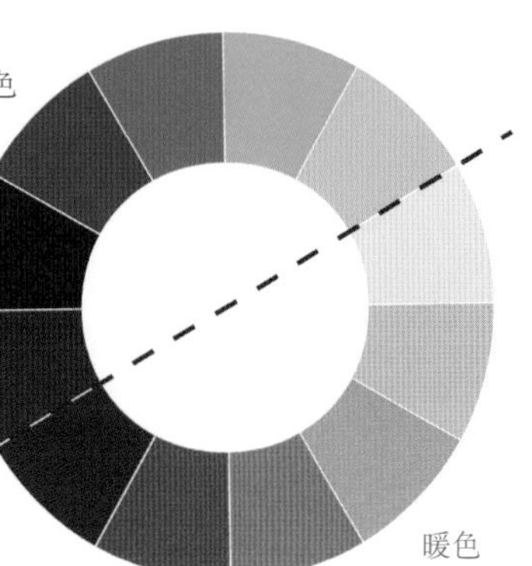

图9-12 冷暖色

图9-13 《站立的女孩》（莫迪利亚尼）

9.6.2 冷暖调式

①白色反射率高而感觉冷，黑色吸收率高而感觉暖。

②暖色加白色提高了明度，降低了纯度而倾向冷；暖色加黑色降低了纯度，有向冷转化的趋势。如暖色系红色加入白色后变粉红色系，画面色调变冷，会产生浪漫、女性化、年轻化的效果。

③冷色加白色提高了明度，降低了纯度，有向暖转化的趋势；冷色加黑色降低了纯度，有向暖转化的趋势。

9.7 面积对比

9.7.1 色彩的面积对比

色彩的面积对比是指各种色块在构图中所占据的量的比例关系。形态作为视觉色彩的载体，总有一定的形状和面积，面积是影响色彩搭配效果的重要因素。在设计实践中经常会出现色彩选择，但由于面积、位置安排、设置不当而导致失误的情况。任何配色效果如果离开了相互间的色面积比都将无法讨论，有时对面积的考虑甚至比色彩的选用尤显重要。

色彩对比的双方面积相当时，相互之间产生抗衡，对比效果强，称为抗衡调和法。当面积大小悬殊时，则产生烘托、强调的效果，又称优势调和法。色彩优势调和法，其实就是通过色彩的主从关系达到调和。在处理冷暖色块的对比时也可以引入优势调和法。如意大利画家莫迪利亚尼的作品《站立的女孩》（图 9-13），在大面积的灰冷色衬托下的小面积高纯度的暖色显得很突出，使画面主次分明。

9.7.2 色彩对比与面积的关系

①色相对比时，色块面积比越大，形状越完整，色彩感觉越强，亮度和纯度也越显得高，对比感也会有增加的感觉。因此画出的点、线看起来也比面的明度低，而大面积的色彩对比可造成眩目效果。

②大面积色稳定性较高，在对比中，对他色的错视影响大，而受他色的错视影响小，具有决定性的地位。

③相同性质与面积色彩的对比效果，与形的聚散状态有很大的关系，形状聚集程度高者受他色影响小，受注目程度高。如户外广告及宣传画等，一般色彩都较集中，以达到引人注意的效果。

④面积对比的效果还要考虑观察者的距离。

近距离多采用优势调和法，如展览布置、室内设计、商标、服装等；远距离多采用抗衡调和法，如广告、橱窗、街头宣传画等。

9.7.3 色量均衡与面积的关系

两种因素决定一种纯度色彩的力量，即它的明度和面积。为了使不同纯色搭配达到视觉上力量的平衡，歌德拟定了一个简单的数字比例（表 9-1）。

表9-1 色彩明暗色调变化量表

变化量	黄	橙	红	紫	蓝	绿
明 度	9	8	6	3	4	6
面 积	3	4	6	9	8	6

从表 9-1 中可得出互补色的和谐相对色域数比：黄：紫 =1：3，橙：蓝 =1：2，红：绿 =1：1。可见，为保持色量的均衡，色彩的面积比应与明度比呈反比关系。常见的几组补色组合红绿、蓝橙、黄紫，如黄色比紫色明度高 3 倍，为取得和谐色域，黄色只要有紫色面积的 1/3 即可。

9.8 风景园林中色彩对比的应用

9.8.1 风景园林中色相对比的应用

在风景园林中植物配置起到色彩搭配的作用，不同颜色植物的合理搭配，可以使园林色彩在色彩统一的基调上呈现较活泼的对比效果。类似色调的特征在于颜色与颜色之间微小的差异，较同一色调有变化、有动感，不易产生呆滞感。如黄色和绿、红色和橙色的花卉对比可以形成宁静中带有变化的美，让人产生舒缓以及和谐的心理感受。

江南古典园林常以“栗柱、灰瓦、粉墙”为特色，强调色彩的调和（图 9-14），而北方皇家园林则以“红柱、琉璃瓦、红墙或灰墙”为特色（图 9-15），色彩以红、黄、蓝、绿为主，强调色

图9-14 江南古典园林

图9-15 故宫

彩的对比，注重突出庄严、华丽雄伟的气势。

9.8.2 风景园林中明度对比的应用

明度对比可以展示出风景园林中不同植物、建筑的明暗感、层次感。较亮和较暗会刺激视觉带来不同的感受，色彩的轻重、深浅给空间带来丰富的空间变化，清晰的区域划分，以及多变的节奏和韵律，带给人以灵动的视觉体验。

明度反过来又会影响游人对景物面积大小的感知。运动感强、亮度强、呈散射运动方向的色彩，给人以扩大面积的错觉；反之，则有缩小面积的错觉。例如，园林中，水面的面积感比草地大，草地的面积感又比暴露的土面大，受光的水面和草地又比不受光的面积感大。在面积较小的园林中，园林色彩选用浅色和明色调，会产生扩大面积的错觉。

9.8.3 风景园林中纯度对比的应用

不同的色彩纯度在风景园林设计中得到充分应用，其色彩风格也随之各有特色。北京的故宫多采用红墙黄瓦，红色和金色为主，以耀眼的色彩对比打造金碧辉煌、和谐悦目的视觉效果，彰显了皇家的高贵大气。而南方的园林建筑和民用建筑常用到低饱和度的色系，如江南一带的建筑，灰黑色顶部与白色墙体对比分明，表现出江南古建筑高雅、清淡的风格。

9.8.4 风景园林中冷暖对比的应用

红、黄、橙色在人们心目中象征着热烈、欢快等，在风景园林设计中多用于一些庆典场面，如广场、花坛及主要入口和门厅等处，给人以朝气蓬勃、热烈欢快之感，而且会形成景观中引人瞩目的焦点（图 9-16）。

在局部的设计中，冷色调的铺装给人一种宁静和优雅的感觉，通常用于相对安静的景区环境和森林步道。暖色调的铺装和小品会带给人欢快、有活力的感觉，如城市主街道的景观、环湖自行车道、橙色的路灯、红色的座椅等。这些暖色和大面积的冷色形成了冷暖色的对比，相互呼应（图 9-17）。

图9-16 维也纳美景宫花坛

图9-17　冷暖色在铺装设计中的运用

色彩之间的对比，并不意味着对比越强烈视觉效果就越好，而是在整体基调确定的情况下，既有对比又有统一，相互衬托、相互渗透，这样才能给人以良好、舒适的审美效果。合理的色彩搭配不仅可以保持其观赏价值，还可以充分发挥不同植物的特性，增强整体的美感。因此，现代风景园林设计的色彩对比搭配，应在整体统一色调的基础上考虑各个要素的对比关系，这样才能取得和谐，使游人体验到舒适的景观效果。

思考题

1. 色彩对比主要有哪些形式？它们各有什么特点？
2. 如何把握风景园林色彩对比与统一之间的关系？
3. 风景园林设计中色彩对比应用的艺术手法有哪些？

第10章 构成原理在风景园林作品中的应用评析

无论古典园林还是现代园林，从平面到空间的组织过程中，都在遵循并应用构成法则。从宏观角度，风景园林设计可以通过构成原理来实现景观轴线的布局，把控景观节点的位置、导向；从中观角度，风景园林设计可以通过构成原理确定景观节点的形状、体积与层次；从微观角度，风景园林设计可以通过构成原理达成景观要素的细节、肌理与色彩处理。本章将针对风景园林作品，解析构成原理在风景园林中的应用。

10.1 法国拉·维莱特公园

1983年，伯纳德·屈米获得法国巴黎拉·维莱特公园的设计委托，该项目是法国政府的重大项目之一，其他在列的项目包括新法国图书馆、卢浮宫金字塔、拉德芳斯大拱门和阿拉伯世界研究所。该公园位于巴黎的东北角，占地505 850m²。除总体规划外，项目还涉及15年后，超过25座建筑、步道、有顶盖人行道、桥梁和景观花园的设计和建造。

该公园整体方案的地块划分上采用几何体的构成手法，由三角形进行切割、重组，配合点、线、面的几何学概念，道路划分上采用游走的曲线，增强线性的动态感。它在不依靠传统的统一构图、规则秩序的前提下建造一种复杂的建筑组织，点、线、面的相互依存性避开了将公园作为整体结构的企图，也为以后的公园设计开辟了新的道路（图10-1），形成了将点、线、面进行叠加的设计样式。

图10-1 法国拉·维莱特公园

10.2 波兰Brain Embassy露天剧场

波兰露天剧场是一个开放的空间，主要用于举办有趣的聚会和艺术表演。建立这一户外场景可以在没有围墙的情况下，人们在户外随意且友好地进行交流和会面，将构成中的“虚面”充分地表现在空间当中。圆形建筑由混凝土屋顶覆盖，屋顶中间以玻璃填充，整体以坚固的钢筋混凝土墙支撑。在观众席的上方和周围，巨大的混凝土环将玻璃屋顶与街道旁的草地山丘环绕在中间。它被精心设置在这一特定的角度，使自然景观与剧场内部形成无缝的过渡（图 10-2）。

10.3 泰国10cal塔

10cal 塔坐落于泰国沿海城市春武里府邦盛镇（Bangsaen）的一个海滨公园内。该建筑结构形态是一座巨大的立体迷宫，引用社区游乐场内容以堆叠式手法建立。红色的建筑表皮彰显着这座建筑的活泼气息。该设计基于现代年轻人的生活方式，将建筑空间形态划分为复杂多变的几十种攀爬路线（图 10-3）。建筑主体造型夸张、色彩鲜艳，以纯度较高、明度适中的颜色作为主色调，所以红色最为适宜。不仅色彩效果充满欢乐的气氛，同时吸引儿童前往。这座立体迷宫的命名来源于“能量”，人们以一般速度从塔底向上移动，约消耗 10cal 能量到达塔顶，因此称为“10cal 塔”。

这座美丽的红色立体迷宫周边就是海滨公园的绿色树林，建筑墙体的色彩与植物相互辉映，完美地融于环境中。建筑的螺旋楼梯和上下差带来的空隙中，人们可以透过红色墙体眺望绿色的植被，这也是一种色相上的互补。一些高大的树

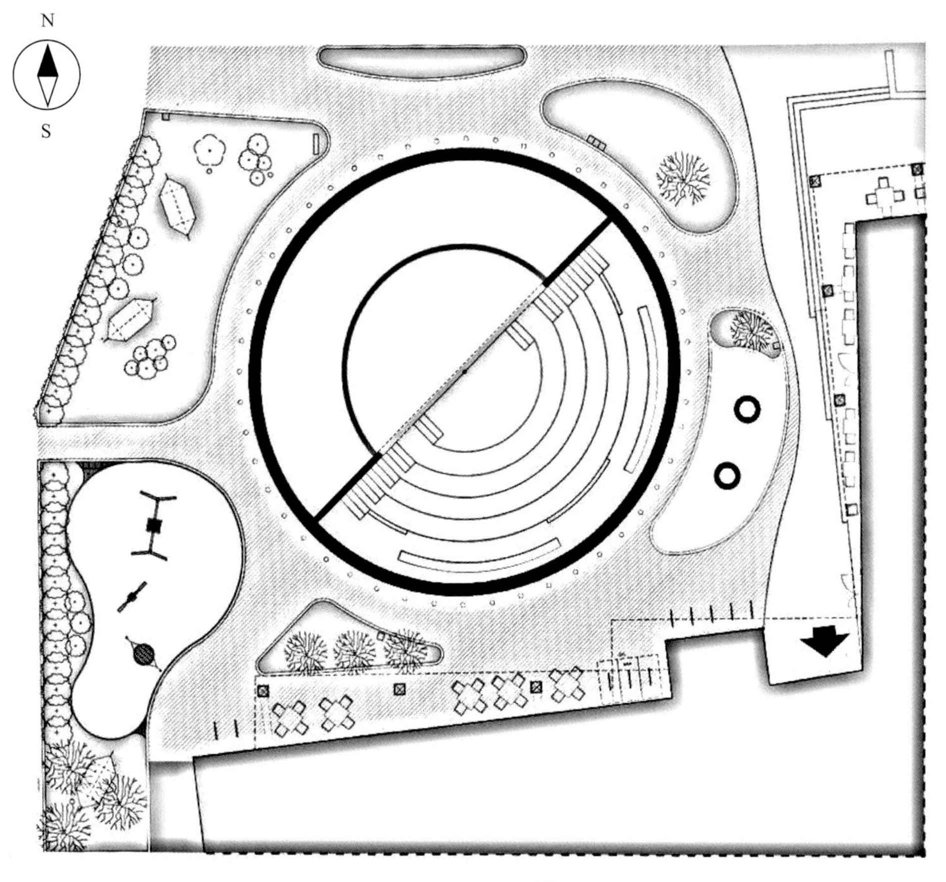

图10-2 波兰Brain Embassy露天剧场平面图

木伸进红色迷宫空隙，让人们在上下攀爬时可以探索建筑与绿色的关系。

10.4 上海四行仓库抗战纪念地晋元纪念广场

上海四行仓库抗战纪念地晋元纪念广场位于上海市晋元路的上海四行仓库抗战纪念地。晋元纪念广场中的铺装以地灯为点，以不规则的边界为线，以几何形的图形为面，使用了点、线、面的构图形式，其中，曲折线的流动性带给人一种不安定、缺乏重心的感觉，水平线的使用又带给人一种安全、静止的感觉。两种线形结合给人带来一种肃穆感，整个广场中曲线的形式很吸引人们的视线，使其形态更符合现代审美意味，使人能感受到空间的流动与跳跃。

广场铺装的色彩以深灰色、灰色、黑色为主，铺装色彩中采用了大面积的深灰与灰色的铺装，用黑色作过渡色，整体色彩感较为明显。同时，在铺装色彩细节上，深灰色、灰色和黑色整体有序，铺装的色彩在统一中有变化，消除了单调的感受（图 10-4）。而黑色给人一种强硬的感觉，象征着黑暗、严肃、庄重和伤感，灰色具有朴素与忧郁感，象征休息、平静，这正是晋元纪念广场想要传递给观者的伤感、严肃与平静的感受。

10.5 美国瑞欧购物中心广场

瑞欧购物中心广场位于美国亚特兰大市，由“低预算女王”玛莎·施瓦茨设计完成。瑞欧购物中心广场由坡地、水池和休息平台三个功能分区组成，整个广场景观交通系统主要为建筑内侧的“U”形外廊和步行浮桥组织而成。在广场底界面的形式上，运用圆形、正方形、矩形这些简单的形态作为几何母题元素，通过点、线、面结构要素之间的关系进行整个广场平面的创作。

在色彩设计上，玛莎·施瓦茨采用了红色、黄色、蓝色、绿色和白色、黑色这类对比色，在纷繁的商业区环境中产生了强烈夺目的视觉效应。高 12.2m 的白色巨型网格结构球体坐落于连接道路和广场庭院的斜坡上，极具工业色彩，起到了视觉中心和聚集视线的作用，形成整个广场庭院的视觉焦点。广场庭院中的 300 多只镀金青蛙在巨型球体的下方呈网格状方阵排列，整齐划一的阵列布局构成了点汇集成线（图 10-5），进而形成线汇集成面的景观，给人以极其强烈的视觉震撼，完美诠释了点、线、面结构要素之间的构成关系。

图10-3 泰国10cal塔

图10-4 上海四行仓库抗战纪念地晋元纪念广场铺装色彩

图10-5 美国瑞欧购物中心广场

10.6 杭州花港观鱼公园

杭州花港观鱼公园建于 1953 年，位于杭州西湖西南部，三面临水，一面依山，是“西湖十景”之一。公园设计采用中西结合造园手法，植物造景艺术独具匠心，既有开阔的大草坪，又有密植的植物组团，打造了丰富的植物空间。草坪空间既有中国传统园林空间的理解，也有构成原理的应用。

南出入口草坪空间，是典型的草坪结合植物组团组景的设计，该区总面积 4600m^2，其中，草坪面积 2300m^2，草坪的平面轮廓线为曲线形，总体可以分为东西两个部分，草坪控制了总体平面构图的风格，南北两侧做带状植物组团布局，植物组团采用乔灌草结合，视线完全封闭，只有透过草坪区才可以欣赏前方层次丰富的植物景观。该设计利用曲线表达自然式植物景观的特色，主要是作为林缘线、天际线来展现；利用大小不同的植物形成块组织空间和形成赏景主体；利用植物叶的暖色和绿色来搭配色彩。

色彩搭配上以绿色为基本色，主要表现在常绿植物的应用，如枫香、桂花四季常绿；也大量应用了彩叶植物，如秋季黄叶的无患子、枫香，秋季红叶的鸡爪槭、南天竹，常年紫红色叶的紫叶李、叶面金色斑点的洒金珊瑚。总体形成绿色 + 红黄暖色的搭配，如图 10-6 所示，表现出其秋季植物色彩的组合搭配。

10.7 优秀学生作品选评

2020 年，深圳奥雅设计股份有限公司与西北

图10-6 杭州花港观鱼公园

农林科技大学风景园林艺术学院（以下简称园林学院）联合主办西农 - 奥雅联合设计实践项目，由西北农林科技大学风景园林学院（以下简称园林学院）82 名学生全程参与，经历了从初期概念方案设计到最后的项目施工落地过程。本小节所展示的作品均为此次项目完成作品。

（1）《构想》——户外展览空间（图 10-7）

设计灵感来源于园林学院的院徽，整个构架分成了地面上的一个框型和立在上方的梁架：上方的构架承载着多样的园林蕴意，下方的框型从园林学院的外框保留；构架表示基础，由园林学院师生共同构筑，寓意园林梦、西农梦。设计中通过对线性空间的折叠变形为原型，以积木形式的木构为基础框架，运用半围合空间环抱一棵高大的女贞，营造一种由外向内富有静谧之感，由内望外眼界开阔的空间氛围。

点评：该作品运用立体构成的框架结构，创造性地将空间进行错落有致的布局，立体构架结构具有支撑力强、结构严谨、易于拆装的特点。此设计将空间的虚实转折处理得体有序，细节与局部也有引人入胜的功能化设置，通透中富于趣味，能够将对自然生态的认知与活动有效关联，又将公共性与艺术性和功能性有机结合。

点评教师：肖勇 / 中央美术学院设计学院教授、硕士研究生导师。

（2）《乡苑》——乡土文化展示空间

整体设计主要由极具地域特色的入口花砖景观墙，体验感十足的镂空栈道以及集合乡土构筑、雨水景观、科教互动于一体的主题构筑三个部分组成。“房子半边盖”可谓“陕西八大怪”之首，而此要素也是本设计形式的主要来源，场地最具核心的景观要点伫立在空间视线的交汇处——传

图10-7 学生作品《构想》（林栖山工作室团队成员王玺霖、应宇婷、徐星、郗婕等，指导教师洪波、李冬梅、陈龙）

统工艺手工制作的立鼓。鼓，是景观的交汇，用人民大众喜闻乐见的乐器当作景观序列的尽头，一方面提升了景观的互动体验，具有表达参观者情感与寓教于乐的作用；另一方面收束了全景，将校园里与所有的美好景色一同闪耀更多的十月光阴（图10-8）。

点评：作品《乡苑》是园林学院以建设“美丽乡村”为目标，结合实际环境条件开展校企合作、实践教学的一项成功的项目型教学案例。作品以展现西北关中乡土文化的园林小景营建为主题，以入口文化背景墙、悬空栈道、乡土构筑、雨水景观等为主要设计内容，具有浓郁的陕西关中地域文化特征。从设计理念到营建制造，不仅落实了项目课程的要求，还很好地体现了园林学院的专业办学特色和实践教学特点。作品主题与现场环境和谐统一，具有很强的在地性，景观造型灵动自然，营建材料质朴传统，兼具视觉美感与民俗功能，充分表达了作品努力塑造“民俗之思忆与乡土之情怀”的深刻寓意。

点评教师：张浩 / 西安美术学院设计艺术学院教授、院长。

(3)《声声与共，生生不息》——户外展览空间

设计团队力求打造一个承载西农人点滴记忆的室外展览空间，在有限的地块内营造一个多变的空间。入口区域通过秋季观果观叶植物与彩叶草花打造引人注目的植物景观，设立的五谷杂粮展示桶象征着西北农林科技大学“民为国本、食为民天、树德务滋、树基务坚”的办学宗旨（图10-9）。展览空间利用构成中线的语言，竹木的紧密排列组成墙面，穿梭的钢丝绳上悬挂着风铃和试管，充分发挥立体构成中软硬线材叠加、组合的特点。

图10-8 《乡苑》（石榴工作室团队成员刘静蓉、李兰珂、武天骥、郭士靖等，指导教师王旭辉、夏霁）

图10-9 《声声与共，生生不息》（螺旋线工作室团队成员王逸涵、马志昊、盛毓、张钰忱等，指导教师李仓拴、王雪）

点评：作品运用了构成艺术中线的语言，将发射构成原理与材料相结合，依托于竹子作为基本元素单位，围绕场地中间不锈钢材质的点作为园林小品主轴，向外产生螺旋线状延伸，形成具有渐变效果的空间特征，从而使人感受到协调有序的韵律感。该作品通过视觉层次的组织、空间序列的构建，使构成艺术手法在其中得到了充分的彰显。

点评教师：李望平 / 西安美术学院设计系教授。

(4)《雨水一盒》——雨水花园展示空间

团队提取学校与学院主题元素，配以互动景观，将雨水花园的整个循环过程立于地面，直观地进行感受并发挥科普功能，同时增加了景观的趣味性。小麦的装饰使场地与周边环境更加贴切，以丰富的植物搭配形成绿化场地，在起遮挡作用的同时也提供课外植物教学区域（图 10-10）。

点评：该作品空间布局构思巧妙，能够将自然场地的生态景观与设计构成结合，空间利用率高，材料运用与结构设计合理，根据场地的声、光、影等效果，结合竹、木、风铃，在空间结构的塑造中呈现自然质感。作品场地采用下沉方式，利用四周密植植物，营造出错落有致的空间层次。在展示、体验和交流设计中，创意性地使用线条的折叠变形，以木结构进行设计布局，使整个作品折射出一种“揽一盒空间，塑四时美景”的生态意趣，也是一个很好的展示艺术与科技相统一的案例。

点评教师：米高峰 / 陕西科技大学设计与艺术学院教授、博士生导师。

(5)《筑·里》——工法展示空间

展示区场地采用围合方式并做下沉处理，利用入口处景观墙形成东西展示空间。该空间采取工序、空间剖切的展示方式，分别展示台阶和文化石饰面挡墙的工程做法、挡墙砖基础和铺装施工做法等，采用了玻璃橱窗方式来直观展示车行、人行道铺装地下部分的垂直断面（图 10-11）。设

图10-10 《雨水一盒》（W.E STUDIO工作室团队成员程新婷、张瑞杰、陈语瑶、苏位殊等，指导教师张新果、杜超）

图10-11 《筑·里》（重塑的孩子工作室团队成员王巍峰、孙一茗、朱馨蓉、符诗意等，指导教师张刚、武凯）

计使用石头、砂砾、玻璃、绿植等不同材质的肌理构成，在视觉和触觉两方面让观者充分感受不同材质带来的不一样的感受。

点评：这个室外环境景观实训综合作品是2020年秋季园林学院与深圳奥雅设计股份有限公司进行校企合作联合人才培养的实践项目，该作品中学生通过建筑中不同的材料和不同工艺程序等展示，使其融入环境景观实训的步骤过程中，并与植物景观充分协调，在交通组织的引导下，使观者产生或认知建筑工艺、材料肌理语言的序列特征，营造出半开放空间中人与自然共生的审美感悟，表现出学生在空间构成、建筑材料的使用、植物应用等综合专业知识与实践相结合的综合水平。

点评教师：段渊古 / 西北农林科技大学教授、博士生导师。

参考文献

曹林娣，2001. 中国园林艺术论 [M]. 太原：山西教育出版社 .
辞海 [M].1979. 上海：上海辞书出版社 .
（俄）康定斯基，2005. 康定斯基论点线面 [M]. 罗世平，魏大海，辛利，译 . 北京：中国人民大学出版社 .
格特鲁德 · 杰基尔，2011. 花园的色彩设计 [M]. 北京：中国建筑工业出版社 .
弓萍，2009. 构成艺术在园林景观设计中的应用研究 [D]. 郑州：河南农业大学 .
韩林飞，王子昱，2015. 论鲁迅对中国现代构成主义艺术传播的贡献与评价 [J]. 南京艺术学院学报（美术与设计）（3）：77-81.
洪丽，2015. 园林艺术及设计原理 [M]. 北京：化学工业出版社 .
吉田慎悟，2010. 环境色彩规划 [M]. 北京：中国建筑工业出版社 .
李丹，马兰，2014. 平面构成 [M]. 沈阳：辽宁美术出版社 .
李方方，2007. 立体构成 [M]. 武汉：华中科技大学出版社 .
李莉婷，2005. 色彩构成 [M]. 合肥：安徽美术出版社 .
李霞，王希萌，2015. UI 交互色彩设计 [M]. 北京：北京邮电大学出版社 .
李旸，2008. 私家园林中的桥 [D]. 苏州：苏州大学 .
林华，2009. 新立体构成 [M]. 武汉：湖北美术出版社 .
刘建英，俞菲，赵兵，等，2012. 杭州花港观鱼公园植物造景分析 [J]. 林业科技开发，26（1）：126-130.
刘浪，2004. 立体构成及应用 [M]. 长沙：湖南大学出版社 .
刘文雯，2019. 基于江南园林空间立体组织的建筑设计方法研究 [D]. 南京：东南大学 .
鲁道夫 · 阿恩海姆，1998. 艺术与视知觉 [M]. 滕守尧，朱疆源，译 . 成都：四川人民出版社 .
（日）朝仓直巳，2010. 艺术 · 设计的平面构成 [M]. 林征，林华，译 . 北京：中国计划出版社 .
（日）朝仓直巳，2019. 艺术 · 设计的平面构成（修订版）[M]. 林征，林华，译 . 南京：江苏凤凰科学技术出版社 .
师晟，2006. 视觉构成原理 [M]. 南京：东南大学出版社 .
苏丹，2003. 从画面走向体验 [J]. 新建筑（4）：10-12.
苏珊 · 池沃斯，2007. 植物景观色彩设计 [M]. 北京：中国林业出版社 .
孙卫国，2004. 现代风景园林景观网格空间设计倾向 [J]. 西北林学院学报（2）：127-130.
王倩，李艳，温静，2010. 平面构成对园林空间设计影响的应用研究 [J]. 安徽农业科学，38（15）：8053-8055.
吴卫，张煜可，2013. 弗拉基米尔 • 塔特林的构成主义艺术作品探析 [J]. 艺术百家（8）：218-221.
吴祖慈，2003. 艺术形态学 [M]. 上海：上海交通大学出版社 .
辛华泉，1996. 形态构成学 [M]. 杭州：中国美术学院出版社 .
夏惠，2007. 园林艺术 [M]. 北京：中国建材工业出版社 .
熊晶，岳慧，王小德，2019. 杭州花港观鱼公园植物景观配色特征分析 [J]. 福建农林科技，46（3）：117-121.
周丽娜，2020. 园林植物色彩配置 [M]. 天津：天津大学出版社 .
周彤，2004. 环境艺术设计中平面构成的立体思维训练 [J]. 关苑（3）：61-62.